terrain

感受"地带"花园的四季风韵

花草巡礼·世界园艺名师书系

terrain

用自然灵感装点家园

庭院小景·野趣花艺·节庆提案

———

［美］ 格雷格·莱姆库尔（Greg Lehmkuhl）
美国地带（Terrain）工作室园艺师　　编

［美］ 卡罗琳·李（Caroline Lees）　　撰文
伊萨·萨拉萨尔（Isa Salazar）　　摄影

纪丽娜　译

机械工业出版社
CHINA MACHINE PRESS

图书在版编目（CIP）数据

用自然灵感装点家园：庭院小景·野趣花艺·节庆提案 /（美）格雷格·莱姆库尔
（Greg Lehmkuhl），美国地带（Terrain）工作室园艺师编；纪丽娜译.
— 北京：机械工业出版社，2020.8
（花草巡礼·世界园艺名师书系）
书名原文：Terrain: Ideas and Inspiration for Decorating the Home and Garden
ISBN 978-7-111-65024-9

Ⅰ.①用… Ⅱ.①格…②美…③纪… Ⅲ.①庭院 – 观赏园艺 Ⅳ.①S68

中国版本图书馆CIP数据核字（2020）第041523号

机械工业出版社（北京市百万庄大街22号　邮政编码100037）
策划编辑：马　晋　　　　责任编辑：马　晋
责任校对：刘雅娜　张　薇　责任印制：张　博
北京宝隆世纪印刷有限公司印刷

2020年8月第1版第1次印刷
187mm×260mm·22.5印张·2插页·256千字
标准书号：ISBN 978-7-111-65024-9
定价：168.00元

电话服务　　　　　　　　网络服务
客服电话：010-88361066　机 工 官 网：www.cmpbook.com
　　　　　010-88379833　机 工 官 博：weibo.com/cmp1952
　　　　　010-68326294　金 书 网：www.golden-book.com
封底无防伪标均为盗版　机工教育服务网：www.cmpedu.com

目 录

序

前 言

春 华 *15*

春日游　春意盎然的霍尔图卢斯农场 20

盆器植栽 *24*

1　拥抱改变：我们的植栽理念 29

2　种植容器：材料和制作 39

3　色彩搭配：七款色彩鲜艳的盆器植栽 55

4　设计创意：高级盆器植栽设计展示 71

5　季节明星：四季盆栽 95

夏 荣 *107*

夏日游　开心女士花卉农场的盛夏花田 110

传统　仲夏夜 114

花环世界 *118*

1　从花园收集材料：我们的花环制作理念 123

2　花环：材料与制作 129

3　圆圆满满：七款花环作品示例 141

4　设计创意：高级花环设计展示 157

秋 实 *167*

秋日游　弗洛雷特花圃的大丽花 *170*

传统　宾夕法尼亚州的南瓜拍卖会 *175*

野趣插花 *178*

1　崇尚自然：我们的插花理念 *183*

2　插花：材料与制作 *189*

3　令人惊艳的花朵：八款插花作品示例 *211*

4　设计创意：高级插花设计展示 *229*

5　季节明星：四季插花 *251*

圣诞风情 *273*

圣诞游　施密特林场的冬青季 *276*

传统　斯堪的纳维亚的圣诞节 *281*

自然的节日 *284*

1　来自绿植的问候：我们的节日理念 *289*

2　冬日童话：户外装饰活力季 *297*

3　壁炉与家：室内装饰圣诞季 *313*

4　圣诞树：鲜艳喜庆的常青树 *333*

冬 藏 *345*

传统　柴垛艺术 *348*

冬日游　隆冬时节的莫里斯植物园蕨类植物花房 *352*

致 谢 *357*

序

扎根之初

"地带"（Terrain）始于对创新的孜孜以求，始于对 21 世纪初美国园艺典型批量生产摆脱的渴望，希冀与大自然建立起更加真诚而有力的联系。在植物终身爱好者、URBN 创始人迪克·海内斯（Dick Hayne）的支持下，以及打造 URBN 品牌系列的创意人员帮助下，我们开始着手建立一个与众不同的园艺中心，礼赞植物世界所有的美丽、多样性和不完美。

为了追求全新的创作视角，我们来到比想象还要遥远的地方：拜访历史悠久、丰富的园艺胜地，游览著名的英国乡村景观，参观堆满新鲜绿植的德国圣诞市场，最后从斯堪的纳维亚归来，那里的人们利用简单而巧妙的方式将大自然带进家门，让我们赞叹不已。

此行探索之旅结束时，我们也重新恢复了活力，并渴望将一路收获的灵感点滴和传统相融合，为美国园艺爱好者带来新颖的创作思路。随着第一家"地带"店开业，这项使命成为我们蓝图的核心，并且在十年后的今天，仍然鼓励着我们不断前行。

园艺爱好者都是慷慨之人，他们乐意提供建议和想法，也乐意提供自己菜园和花圃里的种子与插条。跟我们一样，他们尤其喜欢分享各种奇思妙想。自然世界的美形式多样，数不胜数，有春天温柔的花瓣，有夏季成片的野花，有秋天干枯的落叶，有冬天光秃秃的枝丫。而其中每一个美的元素都可以在盆栽、瓶插和花环等无数室内室外作品中找到属于自己的位置。在接下来的内容中，我们收集了一些我们最喜爱的园艺方法，将这门艺术带入生活的各个角落。今天，我们将它们献给广大的读者朋友们，希望能够贡献毕生所学，让大家有所启发，创造性地对户外世界带给我们的一切进行重新思考，同时也希望能够鼓励我们的园艺爱好者以新的方式看待大自然。

格雷格·莱姆库尔（Greg Lehmkuhl）

前　言

进入园艺世界

2008 年，斯太尔"地带"店开业。我们的花圃里装满了春天最绚烂的花朵，我们的脑海里装满了后续季节的希望和规划。长期以来，我们一直在为寻找自己的家园而努力，旗舰店的建立让我们终于如愿以偿。在为第一家"地带"店铺选址时，我们几乎考虑过全国各地，但是最后却将目光落到了自家后院。在费城郊外发现历史悠久的约翰·富兰克林·斯太尔（John Franklin Styer）花圃时，感觉就如同回家一样令人激动。我们终于找到一处完美的所在，能够创建专属于大自然的空间，能够在它的巧妙与缺陷中寻找奇迹，能够将植物的美丽带进客户的家中和花园里。斯太尔花圃在园艺领域的历史地位悠久，这里将对我们的新企业精神产生不可磨灭的影响。

宾夕法尼亚州东南部拥有丰富的园艺文化遗存，斯太尔"地带"店的开业让我们有幸成为其中一员。该地区以独具特色的园林而闻名，肯尼特广场的长木花园更是像皇冠上明珠一般的存在。费城市内，也有大大小小的花园竞相争辉。巴特拉姆花园（Bartram's Garden）号称美国最古老的植物园，怀克（Wyck）

斯太尔"地带"店的前身约翰·富兰克林·斯太尔花圃最早可以追溯到 1875 年，当时还是农民的斯太尔在宾夕法尼亚州康科德维尔购买了 85 英亩（约 34.4 公顷）土地。1924 年，斯太尔的孙子接管了这里。他是一位优秀的园艺师，将路边摊的田地变成一个地标式花园，里面种满了各种各样的植物，尤其是芍药。这些花朵美丽非凡，闻名遐迩，甚至成为白宫国宴的标志性花卉。

花园提供传家宝玫瑰袖珍花盒，西费尔芒特公园的松风庄（Shofuso）庭院尽显日式庭院风光，此外还有伍德兰景区（Woodlands）与高地花园（Highlands），温特图尔（Winterthur）与雄鸡花园（Chanticleer），斯科特（Scott）、泰勒（Tyler）、莫里斯（Morris）和巴恩斯（Barnes）植物园。宾夕法尼亚州的这隅天地是植物爱好者的天堂，也是让我们受益匪浅的地方。同时，我们还发现身边都是富有创造力的人，包括我们的设计师，成为我们合伙人的花农和制造商，以及最重要的我们的客户，他们怀揣着对大自然最深切的爱加入我们，为我们提供物质和精神支持，让我们能够建造自己的家园和花圃。

多姿多彩的地域历史与积极良好的人际环境相结合，塑造了我们的精神，也让我们将"地带"的核心放到自然与设计的交集之上。同时，它也启发我们去思考一些根本性的问题：我们如何才能将所学到的一切转化成一种新的园艺方法？我们如何才能展示大自然那些细小而令人惊叹的美丽瞬间？我们又如何能够塑造出室内外的生活方式？

关于这些问题，我们所能给出的一些最好的回答都涵盖在本书中：盆栽、花环、插花还有节日装饰，各种创造性的想法和设计将我们的生活空间与自然世界联系到一起。而在这些篇章之间还穿插着我们对季节的关注，包括我们所欣赏的花园和农场游记、简单的 DIY 作品以及对季节传统的探索。

从选择斯太尔花圃作为我们的第一个家起已经过去了十年时间，在这十年里我们也成长了许多，但有些事情始终不会改变。我们一直在大自然的启发下，继承园艺界前辈的传统，寻找新的方式实现植物装饰，将园艺带入各个空间。我们看到了每个季节的自然契机，并接受它的不完美，将其视作不断成长和变化的标志。

我们鼓励大家探索书中的创意，然后转化成自己的园艺知识，并利用家门外能够找到的材料灵活运用。正值"地带"创立十周年之际，我们很高兴能够分享自己的园艺感悟，希望大家能够和我们一起赞颂每一个季节、每一株花草，以及每一种将自然带进家的方式。现在，就让我们一起迈出家门吧！

春 华

万物复苏 & 转瞬即逝

全年的第一个季节宛如花园慷慨的馈赠，款款而来。新发的幼芽从土壤中冒出了头；忙碌的蜜蜂嗡嗡地叫着，为生机勃勃的蜂巢采集花蜜；香气扑鼻的花朵缀满果树枝头，地下的球茎破土而出，期待着成为春天聚会里朝气蓬勃的桌面花饰。这些转瞬即逝的细微迹象标志着冬眠的结束，包括大自然，也包括我们。春天是户外踏青的时节，去见证万物复苏，去播下收获的种子，或者只是短暂地停留，领略春回大地、万象更新之美。

到处都是生机盎然的景象，也无怪春天是一个庆祝的季节，从复活节到母亲节都是春天的节日。除此之外，春天本身也值得庆贺，庆贺花园里最绚丽的色彩来临，庆贺户外生活的回归。在这个短暂而宝贵的季节里，让我们一起通过传统、游园以及后续活动来探索非同一般的春日乐趣吧！

春华

春日游
春意盎然的霍尔图卢斯农场

霍尔图卢斯农场花园和苗圃（Hortulus Farm Garden and Nursery）堪称宾夕法尼亚州的秘密宝藏，隐匿于巴克士郡的田园风光之中，距离费城一小时车程。该农场最早属于威廉·佩恩（William Penn）授地，由一座18世纪的石屋和许多历史悠久的农场建筑组成，其中许多建筑中还养着各种各样的动物。1690年，农场原有者以赛亚·沃纳（Isaiah Warner）获得了300英亩（约121公顷）土地，但是在大萧条之后，农场面积缩减到15英亩（约6公顷）。1980年，霍尔图卢斯被著名的园艺和活动设计师伦尼·雷诺兹（Renny Reynolds）以及园艺作家杰克·斯托布（Jack Staub）买下，并在他们手里发展成宾夕法尼亚州最受赞誉的花园之一。

伦尼和杰克废寝忘食地工作，努力重建农场，将原来300英亩的土地恢复了1/3。今天，霍尔图卢斯包含了24个正式的花园，还有一个种植珍稀植物和当地多年生植物的专门苗圃。一条宽阔的桦树林荫道欢迎着游客的到来，顺着道路穿过长满蕨类植物的沼泽地和深林，即可到达一个宁静的池塘，那里有优雅的黑天鹅在滑翔，还有一座童话般的亭阁。在最初的农舍附近，有19世纪的谷仓，周边生长着茂盛的蔬菜、草药和果树。越过房子，则是一个圆形的游泳池，四周环绕着地中海花园、山楂园和种满园景树的植物园。

春天的霍尔图卢斯格外美丽，20多万株鲜花遍布在四周的花园、草坪和林地上，包括水仙、蓝铃花、大花四照花和特拉华山谷白杜鹃花。每一个转角处都有着无与伦比的美景在等待着游客，让人充分享受美好的探索时光。

春华

盆 器 植 栽

1

拥抱改变

我们的植栽理念　**29**

2

种植容器

材料和制作　**39**

3

色彩搭配

七款色彩鲜艳的盆器植栽　**55**

4

设计创意

高级盆器植栽设计展示　**71**

5

季节明星

四季盆栽　**95**

在古希腊，妇女会通过种植盆栽花园来庆祝阿多尼亚（Adonia），即每年一度纪念神灵阿多尼斯（Adonis）死亡的节日。她们会在浅篮子和碗里种下很快就能发芽的植物种子，比如小麦、大麦和生菜，然后将这些小型花园搬到屋顶。经过八天的精心照料后，新发芽的植物将被连盆一起扔进大海。这些古老的"阿多尼斯花圃"体现出盆栽花园的双重特性，即悠久的景观历史以及植物生命本身的短暂美感。

虽然盆栽园艺的概念已经存在了数千年之久，但是在过去的几十年里，苗圃出售的植物大多数还是以园圃或花坛种植为主。园艺工作者们可能也会养育少量的盆栽植物，比如一个窗户花箱或是门阶处单独一盆盆栽，但大面积种植仍然是主流趋势。不过最近，随着园艺工作者们对各种室内户外种植容器的多样性和适用性的逐渐认可，盆栽花园受欢迎的程度也明显得到提升。

从最不起眼的路边一角到最宏伟的入口通道，种植容器让景观的扩展超越了它的自然界限。它们让我们有机会实验，有机会拥抱每个季节的短暂辉煌，有机会超越容器自身所限，创造性地进行种植。盆栽种植的日益流行也反映了我们生活方式的改变。无论城市，还是乡村，户外生活娱乐都已成为人们的优先选择。城市居民使用小巧玲珑的盆栽花园为他们的阳台增添美感，宽敞的露台被改为露天房间，其中的种植容器成为主景装饰，柔化人造景观并改善户外陈设，盆栽花园非常适合我们忙碌的生活方式，为那些愿意弄脏双手创造美好事物的人们提供了"权宜之计"，让他们无需花费大量时间就能建造一所全尺寸花园，实现心中所愿。

关于盆栽花园的探讨从植栽建议开始，为无限的设计可能提供支撑，譬如绿色墙壁和活植拱门等高级装置设计，以及展现出一年各个时节最佳植材风姿的季节性作用。这些迷你盆栽花园打造简单，适用广泛，还有最重要的就是非常漂亮。

前图： 图案精美的瓮上方，夏末的花朵绚丽多彩。大丽花、彩叶草、红色俄罗斯羽衣甘蓝和钓钟柳"哈思克红"（*Penstemon* 'Husker Red'）创造出丰富的勃艮第色彩层次，同时以马蹄金和帚状裂稃草（*Schizachyrium scoparium*）鲜艳的绿色为衬托。

右图： 在季节交替期间，空盆器可以作为精美的装饰品，代替种满植物的盆器使用。种植容器作为装饰重新考虑时，它的设计将成为关注焦点，因此这类轮廓独特、造型出众或雕饰精细的盆器最为适合。

1

拥抱改变
我们的植栽理念

　　无数种可供搭配组合的植物、盆器和风格让每一盆植栽都成为充满个性的创作，旨在适应特定的场合、季节和美学。盆栽花园的美妙之处在于它的重塑潜力。随着新的植物使用和创作视角的变化，单独一个花瓶可以反复变换。然而，经过多年的园艺试验，我们也掌握了一些关键的考量因素，适用所有的盆器植栽。从反差元素的完美组合到自然植材的添加补充，这些理念可以打造出旺盛的盆栽，提供丰富的层次感和视觉享受。除了下文的指导建议，还请记住我们亲爱的英国园丁克里斯托弗·劳埃德（Christopher Lloyd）所说的话："无论是颜色、造型、并置抑或园艺本身，重要的是不要在自己的园艺创作过程中却步。愉快地去玩耍并尽情享受吧。"

鲜明的反差风格

　　要想制作出成功的盆栽花园，可以先从对立结合入手，利用不同的元素制造出反差效果。质感的并置对创造反差非常重要。做工精致的花瓶与天然野生植物相搭配，使盆器不会显得过于烦琐；正式的种植容器（如希腊古瓮或韦奇伍德花架）与非正式的植栽（如草丛、粗糙多瘤的枝丫和茂盛的花朵）形成完美对比。这些具有反差效果的容器打破了传统花器与植物组合的思维惯例，更能吸引人们的注意，也让花园更加富有趣味性。

锈迹斑斑的铁丝瓮为经典造型，可在生长茂盛的北葱（*Allium schoenoprasum*）植栽里找到均衡。相互缠绕的松草内衬为这种反差效果奠定了基础。

利用观赏草制作而成的全年观赏性景观：观赏草坚韧异常，一年四季都可以
展现充足的质感和动感。将蓬松杂乱犹如羽毛般的观赏草与颇具重量的瓮相
搭配，可谓一项充满趣味的反差研究。

观赏草

观赏草浪漫的原生态轮廓在搭配种植容器方面可谓大有益处，以下是我们分别按照颜色、质感、高度和耐阴性列出的最爱的观赏草种类。

颜色

格兰马草（*Bouteloua gracilis* 'Blonde Ambition'）：蓝灰色的叶子、黄绿色的花朵还有能够长久维持的淡金色草穗，这种小型草材极具园艺情调。

帚状裂稃草（*Schizachyrium scoparium*）：原产于北美，属于草原植物，是一种出色的秋季观赏植物，它们的叶子会在季末呈现出青铜色和橙色。

毛发乱子草（*Muhlenbergia capillaris*）：多年生草本植物，因其醒目的紫红色云状花序而深受人们喜爱。

毛叶糖蜜草（*Melinis nerviglumis* 'Pink Crystals'）：这种热带植物原产于非洲，因其在夏天盛开鲜艳的粉色花朵而备受推崇，秋季时会逐渐消褪成白色。

质感

小盼草（*Chasmanthium latifolium*）：丛生草本植物，具有下垂的燕麦状草穗，质感丰富。

墨西哥羽毛草（*Nassella tenuissima*）：因其纤细的线状草叶而得名，这种草叶随风而舞，可以为任何植栽增添吸睛质感。

蒲苇（*Cortaderia selloana*）：这种不耐寒而富有质感的观赏性植物成片生长，叶子高达8英尺（约2.44米），顶部为白色羽状花穗。

凌风草（*Briza media*）：这种簇状凌风草的草穗晃来晃去，即使在最轻微的风中也能不停舞动，非常引人注目。

高度

芦竹（*Arundo donax* 'Peppermint Stick'）：这种驱鹿植物原产于地中海，高达12英尺（约3.66米），叶子上有绿白相间的条纹。

柳枝稷（*Panicum virgatum* 'Shenandoah'）：一种生命力顽强的草原植物，高达6英尺（约1.83米），盛夏时节粉红色的花朵如云似雾。

耐阴性

箱根草（*Hakonechloa macra* 'Aureola'）：原产于日本，除了最阴暗的环境，基本能够适应各种遮光条件，叶子优雅下弯，呈金绿杂色。

丛生发草（*Deschampsia cespitosa*）：属于秋季观赏性植物，适应中等遮光条件，以低矮的窄叶草丛形式生长。

左图：以老式的香槟箱为底，各种盛夏时节的草甸植物搭配出令人惊艳的效果。风化的木材与修长的花朵相结合，除了色彩丰富饱满令人印象深刻以外，还营造出一种悠然惬意的气氛。

致敬不完美的原生态

　　时尚高雅的花瓶再加上精心修剪的植物固然给人窗明几净的清爽之感，但是少些人工雕琢的植栽也能表现出大自然不可预测的美丽。从肆意丛生的植株到风化的材料，致敬不完美的盆栽蕴含着花园自身不断变化的属性。让花朵在植栽周遭盛开，让草叶以引人注目的羽状成长，坦然接受时间在金属、木材和石器上留下的风化印迹。将这些原生态推入人们眼帘，而不是想尽办法去遮掩时，植物盆栽才真正成为景观的缩影。

　　不完美的魅力在自然风格的盆栽花园中体现得最为明显。纤细修长的草和五彩缤纷的花抓住了茂盛草甸的精华所在，让大自然接管的同时还提供各种细节，邀人进一步品味。自然风格花园的质感丰富、色彩绚丽、缩放大胆，以此制作的盆器植栽感觉格外富有生命力，不受精细的规划和修剪所限。

右图：在旧木头与锈铁建成的花器中，一棵花叶杞柳（*Salix integra*'Hakuro-nishiki'）充当主景植物，在春季开满粉红色花朵，出人意料的优雅。容器的朴素格调启发了草甸风格的林下栽植灵感（见第83页），先是开花的芝麻菜、满天星、巧克力波斯菊，然后是蔓生的叶子花，再加上"热唇"鼠尾草（*Salvia*'Hot Lips'）和美丽月见草（*Oenothera speciosa*），与杞柳柔和的粉红色调相映照。

在自家后花园里寻找美丽

在为盆栽景观寻找具有影响力的主景植物时，不妨移步野外。

经过自然风霜磨炼的树枝特别适合盆器植栽，它们可以在其中充当有机装饰，打造异常丰富的结构、质感和颜色。它们引人注目的大小和不拘一格的形态让即使是最简单的植栽也能鲜活起来，扩展了景观的规格，增添了景观的趣味性，而且还可以充当景观的焦点元素。几乎所有形状独特的树枝都可以充当主景植物，但其中有一些我们尤为喜爱。

果树： 苹果树、梨树和桃树的枝干由于天生优美繁茂，因此非常适合造型复杂的植栽景观。树枝和树干一般可以从果园获得，那里经常会砍除低产果树，以便为新树腾地。

漂流木： 经过海水的自然浸泡处理，漂流木具有光滑的质感和冷灰色调，非常适合当代植栽景观。

鬼木： 熊果（*Arctostaphylos*）是一种常绿灌木，常见于美国西部和墨西哥的丛林植物群落中。扭曲的熊果枝干经过打磨即可制成鬼木。熊果红色树皮下方包裹着白色的内芯，鲜明的美感经过打磨表露无遗。

葡萄藤干： 干燥的葡萄藤条是装饰和制作花环的常用材料，但是它们的藤干弯曲缠绕多节瘤，也能提供装饰效果。跟果树一样，葡萄藤干也可以从去除低产植株的果农处获得。

南蛇藤： 想要制作出粗野豪放的外观，可以取几段东南南蛇藤（*Celastrus scandens*）与其他野生枝条一起编织。这种矮生类藤本植物常沿地面或绕树生长，最宜在秋冬季节使用，此时的南蛇藤会长出一簇簇艳丽的红色浆果，魅力大增。（关于东南南蛇藤和南蛇藤之间的区别参见 150 页。）

一堆寻获而来的树枝和藤蔓围绕在满瓮的苔草（*Carex*）和石竹周围。它们在草丛中穿插交织，波动起伏，正好与花瓶的波状边缘相映照。

2

种植容器
材料和制作

　　18世纪的欧洲，园艺逐渐从一种贵族追求演变为大众消遣，而种植容器也分成两种主要的形式：一种是观赏性容器；另一种是实用性容器。高雅的花瓮具有优美的曲线和华丽的底座，无论是置于庄园走廊，还是装扮美丽的花园，显然都以装饰作用为主；与此相对的则是普通的手工抛光花盆，它们一般用于植物长途运输，或充当植物播种和繁殖的临时处所。

　　至此，种植容器的角色不再那么严格地受到传统限制。今天，传统的花瓮和花盆同样因为各自的形式和功能而被人们所看重，并且经常与陶瓷、木材、金属和再生花瓶一起构成各式各样的外观轮廓。在本章接下来的内容中，我们将一起探索当代种植容器世界，包括经典和现代的容器风格指南，流行材料和轮廓的概述，以及实用的植栽和设计建议。

容器材质指南

　　选择室外栽种花草的容器时，材质最为重要。下表详细介绍了最受欢迎的容器分类，包括制作过程、特点以及抗冻指数。

材料	制作过程	抗冻指数	注释
赤陶土	在 1800°F（约 982℃）的窑炉中烧制而成	1	赤陶土可能是制作种植容器最古老的材料，具有良好的透气性，而且能够逐渐形成漂亮的表面氧化层。陶土器皿多孔易碎，需要小心对待，经常浇水，并防止霜冻
纤维混凝土	玻璃纤维和混凝土的复合材料，模塑成型	2	玻璃纤维与混凝土的组合既减轻了容器重量，又实现了超常的耐用性
人造大理石	大理石或花岗岩填充料与专门的聚酯树脂混合制成	2	在室外放置几年后，石头里的矿物质会逐渐显现，形成独特的表面氧化层
混凝土	模塑成型	3	极其耐用和抗冻；混凝土不能进行精细模具加工，所以比较适合现代简约的造型；而且因为颇具重量，所以最适合固定装置
精陶	先将黏土煅烧，温度控制在玻璃化温度（黏土变成不透水的玻璃态时刻）以下，然后上釉并再次烧制，密封其多孔构造	3	普通陶器粗糙多孔，因此几乎所有的盆罐都需要上釉以保持水分
纤维石	玻璃纤维和石粉的混合物利用模具加工成型	3	最耐用的纤维类容器；强度出众，重量适中

材料	制作过程	抗冻指数	注释
超凝灰岩 	泥煤苔、蛭石/珍珠岩和混凝土混合而成，利用模具加工成型	3	超凝灰岩质地轻盈，可以用来代替天然石材，其耐候性良好，能与许多景观材料搭配使用。泥煤苔含量较多的超凝灰岩抗冻性可能较弱
石瓷 	1800~2400 °F（982~1316 ℃）高温烧制而成	3	黏土经过高温加热玻璃化后格外强韧，而且还具有防水性。大多数石瓷种植容器会进行上釉处理
全天候柳条 	由家具级合成柳条制成	4	全天候柳条不仅抗紫外线，而且极其抗冻
镀锌钢 	钢浸入熔融的锌中，使其与钢中的铁反应而产生合金层	4	镀锌涂层在表面形成一个不透气的密封结构，能够抵抗风雨侵蚀，延长材料的使用寿命
金属 	吊篮式和壁挂式种植容器由处理过的钢丝制成；铸铁类容器由液态铁在模具中加工成型；做旧和回收容器可选择铅、铜、青铜和黄铜材质的	4	未经处理过的金属放置时间长了会生锈，需要清洁和密封才能保持原先的外观。栽种植物前，铜制花瓶和黄铜制花瓶内部用沥青漆涂层
木制 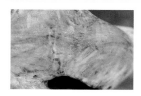	柚木和硬木应在人工林中可持续种植，或者回收利用。较软的木材应使用无毒防腐剂处理	4	厚实的木制种植容器具有出色的隔热效果。挑选这类容器时，应注意有无裂纹裂缝，并以带有防锈螺钉而非钉子的设计为佳

抗冻等级

1：只有天气暖和时才能搬到户外使用，低温天气需在室内存放。

2：为了延长使用寿命，如果冬季在室外存放，请将容器倒置空放于板面或支脚上。

3：种上植物后一般比较抗冻。确保容器中的水能够排出，以免冻融破坏。极冷的天气需在室内存放。

4：抗冻，无须特别注意也能抵御大多数严寒天气。

容器形态指南

　　盆栽花园的日渐流行促进了种植容器形态的发展。从经典的花瓮到时尚的花碗和棱角分明带有现代气息的立方体容器，每一款都可供现代园艺爱好者选择。不同的容器形状适合不同的植物：一些容器为大型深根植物提供了充足的土壤表面积和体积，而另一些更适合浅根系植物和勤浇水。可根据实际需要，在植物和容器之间建立视觉平衡。譬如，用简单的锥形花盆搭配令人愉悦的春季球根植物，用结实的立方体花坛搭配深根系树木，或是用高高的柱形容器搭配茂盛的藤蔓。除此之外，就可以按照个人风格发挥了。

| 经典式 | 带脚式 | 篮式 | 带手柄式 |

锥形容器： 锥形容器是最受欢迎的种植容器风格之一，有各种大小和材料可供选择。以斜边为准，圆形、方形和矩形都是常见的形状。大多数锥形容器可提供中等到较大的土壤表面积。

| 水罐式 | 卵式 | 洋娃娃式 | 迷你式 |

花罐： 这些卵形或桶形的种植容器与锥形容器类似，但具有弧形轮廓，营造出温馨休闲的外观。大多数罐形容器也能提供中等至较大的土壤表面积。但是，罐口比罐身窄的花罐最适合种植单株植物。

| 经典式 | 立方体式 | 格纹式 | 框架式 |

花箱： 花箱具有充足的装土体积和表面积，是种植较大植物（如树木）的理想选择。它们中规中矩的造型适合多种陈设，例如，成对的箱形容器可对称摆在玄关处，或者多个组成一队将户外区域一分为二。

| 抽象式 | 碟式 | 迷你式 | 立柱盆式 |

花碗： 花碗能够提供较大的土壤表面积，但是缺乏深度，因此最适合与浅根系的植物搭配，如多肉植物和高山植物。浅形花碗非常适合搁在楼梯两旁的支座上或桌子上。

| 经典式 | 篮式 | 槽纹式 | 矮式 |

花瓮： 花瓮的造型优雅而且通常较为精美，是一种高级的时尚植栽容器选择。但是，大多数花瓮的装土体积受限，因此对于深根系或需要大量水的植物来说，并不是较好的选择。到了夏季，为了保持植物的最佳状况，请务必经常浇水。

| 经典式 | 全长式 | 十字图案式 | 迷你式 |

花槽： 从时尚的中心饰物到古色古香的花瓶，花槽具有标志性的矩形形状。大多数花槽会被放置在另外一个表面上，因此它们的尺寸通常不会太大，土壤容量也相对较小。我们可以顺着花槽长度设计植栽的重复摆放来展示自己喜爱的植物。

我们最爱的种植容器风格

　　数千年以前，亚洲的陶匠们用亚麻布将黏土制成的容器包裹起来，将它们慢慢晾干后再进行烧制，让每件作品表面都形成不规则的精致纹理，富有沧桑气息。几个世纪之后，不完美的美学理念继续引领经典容器的风格，而与此同时，脱离传统材料、造型和摆放束缚的现代盆栽花园异军突起。

1　**吊篮：** 几十年来，吊篮一直是夏季门廊的固定搭配，不过当代时尚造型也为这种经典风格注入了新的生命力，譬如这些时髦的锌球。吊篮将盆栽花园带到我们视线水平及以上的地方，而它们的悬空属性也使得形状不同寻常的蔓生类植物成为焦点（蔓生植物指南见第77页）。

2　**浅碗：** 浅碗的形状美观时尚，而且拥有充足的空间，能够突出低矮的植物。放置在地面时，还能提供难得的植栽俯视观赏角度。

3　**再生物品：** 旧物改造和翻新的花瓶，就像这些过去用来洗衣服的古老英国洗衣桶，能够为花园赋予传奇的色彩。

4　**老旧的金属：** 镀锌类容器能够抵挡风雨的侵蚀，维持数十年甚至数百年之久。长年累月以后，这些物品历经时光的打磨会呈现出漂亮的光泽，正如图中这个简单的槽。（镀锌类容器做旧问题见第101页）

5　**优雅的花瓮：** 瓮历史悠久，属于最古老的容器设计，长期以来在各种文化中都兼具礼仪和实用功能。它们的造型优美、风格华丽，为花园增添了古典雅致的气息。

盆器植栽的优势

对于初学者、忙碌的园艺工作者，以及希冀着将自己的家装扮得富有活力的人而言，盆器植栽是一种简单而富有创意的方式，能够轻松与大自然形成互动。而对于能应对多变气候的园艺高手，或者想要在狭小空间内展示各种植物样本的植物爱好者来说，盆器植栽也不失为一个理想的方案选择。下面我们列举了一些盆器植栽的优势。

随时随地都能拥有自己的花园： 盆器使得植物种植在城市成为可能，阳台、露台、窗台，甚至垂直的天井、人行道、门廊以及其他无法实现定植的户外生活区域都能用盆器植栽来解决。

增添对比： 光秃秃的外墙、空旷的铺设庭院，或者需要装饰的玄关，添加一个应景的盆栽花园都可以使空间变得更加柔和明亮。在这些缺少装潢的空间里，盆器植栽的出现能够增添几许令人愉悦的有机色彩和质感。

突出优质植材： 盆器可以单独将植物与周围的景观区分开来，将观赏者的目光吸引到值得注意的植物特征上。无论是与专用种植容器搭配而成为花园焦点的大型树木和灌木，还是具有显著气味或花朵能够引人近前观赏的小型植物，都是如此。

能够在户外种植更多的植物： 在较为寒冷的气候里，盆器能够让棕榈树和柑橘树等不耐寒的多年生植物在温和的月份里于户外生长，并在霜冻威胁来临前移动到室内。盆器植栽也可用于展示不适宜在当地土壤生长的植物。

四季循环使用： 盆器提供了制作更新相对轻松的短期植栽的可能，能够在生长季节里实现多种独特的外观。植物在最美丽时可以作为焦点突出显示，然后等到凋谢后再被替换。

盆栽花园设计的三个关键概念

著名园林设计师格特鲁德·杰基尔（Gertrude Jekyll）曾说过："拥有一定数量的植物……并不能形成一个园林，只能组成一个集合。得到植物以后，最重要的是要谨慎选择，意图明确地去使用它们。"而在设计盆栽花园的过程中，颜色、质感和形状是影响选择和立意的三个关键因素。与其说是死板的规则，不如说它们是建立完美盆栽景观的坚实基础，让您理想中的花园茂盛成长。

1．颜色：盆器植栽应该坚持周密统一的色调设计。为自己的植栽选择正确颜色的方法有很多种，其中一种是选择同一种色系不同色调的植物，创造出单色效应，譬如一堆颜色暗淡令人忧伤的树叶。还有的颜色设计通过对比和互补衍生而来，比如均匀的绿色和绚丽的植物花朵所带来的活力色彩。（我们最爱的色彩搭配见第 55 页。）

2．质感：多样化的质感引导着人们欣赏植栽的视线。质感的概念不仅包括作为生物体的植物，还包括容器本身。事实上，一个盆栽花园的质感由三个独立元素构成：植物、盆器和装饰。盆器表面应与里面的植物相搭配。时尚的盆罐可以支撑一系列富有质感的植物，而粗糙的材料则可与比较简单的植物形成互补。植物本身的质感也应该讲究平衡，比如用细枝抵消阔叶，并在需要更多趣味的地方添加草或其他细长的形状。如果需要添加石砾或木屑等铺面来增加质感，请放在最后一步进行，并在选择材料时参考植物和盆器的搭配。（有关铺面装饰的更多信息见第 52 页。）

3．形状：盆栽花园里面的形状问题需要从两方面考量：一是植物和盆器的形状如何搭配，二是盆器的形状如何与环境相称。对于前者，请记住盆器的形状应该能够突出内部植物最为明显的特征。比如，吊篮增强了披挂而下的藤蔓轮廓，而优雅的瓮则为垂枝植物增添了高度。对于后者，则需要仔细考虑景观放置的空间。玄关的角落是否缺少垂直装饰？大型的中心装饰能否为开阔的露台增添光彩？跟颜色和质感一样，形状也应该讲究平衡。热闹的环境或显眼的植物更适合轮廓比较简单的盆器，而这样的盆器也能在更柔和的环境中吸引人们的注意。

质感是这盆植栽的亮点，苍翠繁茂的轮廓为古朴的庭院一角增添了生机。光滑的葱属植物叶子和尖尖的芦荟与羽毛状的非洲天门冬、蔓生的文竹还有翅形垂枝细茑相搭配，形成复杂的质感层次，填充着宽敞的碗内空间。植栽底部的枯木块屑则为喧闹嘈杂的枝叶组合提供了缓冲的余地。

盆栽花园的种植与准备

虽然引人注目的植物是盆栽花园的最大骄傲，但是植物的茂盛生长始于策略性的分层土壤。适当的准备能够保证盆器中的植物获得必要的排水条件、营养成分还有微生物群。

第 1 步： 首先，我们要确保容器有排水孔。如果没有，就用钻子钻出一个，并且保证足够大能让多余的水从土壤排出。对于易碎或难以钻孔的花盆，请在底部装上额外的排水系统。或者，将植物连同它们生长的盆罐一起放入花器中，这样可以在需要时将它们取出排水。

第 2 步： 在容器中装入四分之一的砾石或生长石（一种由回收玻璃制成的石块状轻质介质）以提供必要的排水、通风和湿度控制，保证植物根系健康生长。

第 3 步： 添加一层土。（无泥炭型土最为理想，因为它们可以保持水分并提供微生物，有助于植物长期生长。）为了获取更多的营养，将土壤与自然界最丰富的肥料——蚯蚓粪相混合。蚯蚓粪含有各种活性物质，包括酶、细菌、植物物质、粪便残留和蚯蚓茧，是一种强效的水溶性营养素混合物。

第 4 步： 在土壤中挖出一个足够大的洞，用于放置植物的根部，并添加根部肥料包（feeder pack），将它放到能够与植物根部相接触的地方。肥料包能够实现集中施肥，同时能提供生物炭——一种碳负性产物。

第 5 步： 将植物放到肥料包上方，然后用另外的盆栽土填洞，确保根部完全被覆盖。

第 6 步： 如果需要，在土壤上面盖上一层灰藓（sheet moss），以提高保湿性。

第 7 步： 浇透水，以供土壤中的微生物生长。

第 8 步： 为了让植物达到最佳的生长和绽放状态，在整个生长过程中保持每两周或每月施用一次液体肥料。

铺面装饰

　　植物和容器的完美结合可以通过负空间巧妙地予以补充。添加砾石、板岩、苔藓或木屑等天然铺面装饰可以充分利用垂直植物与其盆器之间的间隙，营造出一片洁净的区域，实现从焦点植物到种植容器之间的视觉休息和过渡。同样地，低矮的植物也可以作为装饰填充盆器，这种技术称为林下栽植（详见第 83 页）。铺面装饰和林下栽植有助于柔化容器与土壤生硬的交界边缘，进一步完善我们的盆栽花园外观。

1 | **鹅卵石：**使用光滑的卵石为大型植栽增添自然柔和的质感。鹅卵石也可以放进细砾铺面中作为装饰使用。

2 | **新鲜的苔藓：**片生或丛生苔藓可以为小树或者植株纤细修长的植物提供苍翠繁茂、极富质感的林下装饰。

3 | **木炭：**使用炭块为画面感丰富的植栽创造一个高反差背景，比如这个具有旋涡纹理的仙人球群。

4 | **碎石片：**在土壤上方铺上一层碎石片，营造出低矮结实的烟熏色背景，非常适合展示藤木类或匍匐类植物。

5 | **竖立的石片：**小心地将碎石片竖立固定在土壤中形成醒目的图案，比如这种在高株植物周围形成的放射状设计。

6 | **碎石砾：**通过均匀添加一层与植物颜色深浅对比鲜明的碎石砾，突出植物独特的轮廓或色彩。

3

色彩搭配
七款色彩鲜艳的盆器植栽

就像画家会利用完美的颜料搭配让画布生动起来一样，园艺设计师也会用色彩鲜艳的花朵和树叶为盆器带来生机。从灰白的单色墨彩到充满活力的春日色调，周密细致的色彩搭配定义了一个植栽作品。色彩的凝聚力和反差对比能够为其他元素营造出自由发挥的空间。统一的色彩搭配允许质感的变化，或者季节更新时一年生的花卉替换。下文的植栽景观全年都能展现出最为鲜艳绚丽的色彩，另附有混合搭配的植物说明，让您可以根据需要轻松在家制作。

此植栽景观包括：

1. 西番莲（*Passiflra* spp.）

2. 大丽花 "卡玛巧克力"（*Dahlia* 'Karma Choc'）

3. 紫叶狼尾草（*Pennisetum setaceum* 'Fireworks'）

4. 苔草（*Carex* 'Silver Sceptre'）

5. 格兰马草（*Bouteloua gracilis* 'Blonde Ambition'）

深色系植材

这款花草爆盆的盆器植栽运用了文艺复兴时期油画的明暗对照法，利用强烈的明暗对比来强调三维形式。

更多可用的植材选择：

大丽花"卡玛巧克力"

波斯菊

大星芹"威尼斯"
（ *Astrantia major* 'Venice'）

老鸦谷"红峰"
（Red Spike）

朝鲜当归

莲花掌
（ *Aeonium arboreum* 'Zwartkop'）

大花三色堇"吱吱唑唑勃艮第"
（ *Viola* × *wittrockiana* 'Frizzle Sizzle Burgundy'）

珍珠菜"博若莱"
（ *Lysimachia atropurpurea* 'Beaujolais'）

琴叶鼠尾草"紫袭"
（ *Salvia lyrata* 'Purple Knockout'）

此植栽景观包括：

1. 彩叶草

2. 黑龙沿阶草（*Ophiopogon planiscapus*'Nigrescens'）

3. 白车轴草"红枫"

4. 矮牵牛"黑丝绒"（又称"Balpevac"）

暗黑系专属

这款植栽采用深蓝深紫的单色系组合形成黑色基调，让人眼前一亮。繁杂的枝叶可以吸收光线，因此这款作品最好置于背景尽可能整洁的明亮环境中，从而让人能够欣赏到微妙的质感变化。

更多可用的植材选择：

矮牵牛 "黑丝绒"

无毛风箱果 "纯黑"
（又称 "Minall2"）

铁筷子 "安娜红"

酢浆草 "金粉黛"
（*Oxalis vulcanicola* 'Zinfandel'）

紫穗槐
（*Amorpha fruticosa*）

黑龙沿阶草

此植栽景观包括：

1. 银瀑马蹄金

2. 垂枝细莞（*Isolepis cernua*）

3. 鼠尾草（*Salvia apiana*）

4. 紫叶茴香（*Foeniculum vulgare*'Purpureum'）

水墨写意

这款精致细腻的色彩搭配突出展示了单一色调的深浅变化。植物的光泽加强了质感的对比，而容器中心较深的色调则起到吸睛聚焦之效。威利·古尔（Willy Guhl）纺锤形花瓶优雅大气，通过添加银瀑马蹄金这样的溢出型植物，能够进一步衬托出花瓶的高度。

更多可用的植材选择：

银边佛甲草

玲珑冷水花
（ *Pilea depressa* ）

银叶马刺花
（ *Plectranthus argentatus* ）

千叶吊兰

景天属植物

冷水花"海蓝宝石"
（ *Pilea glauca* ‘Aquamarine’ ）

此植栽景观包括：

1. 苔草（*Carex*'Everillo'）

2. 绿干柏（*Cupressus arizonica*）

3. 盐麸木（*Rhus aromarica*'Gro-low'）

蓝绿色调

微妙的色彩变化让质感成为这款由三种绿植组成的植栽重点。如瀑布倾泻具有律动感的苔草、蓬松的绿干柏和茂盛的盐麸木，三者对比鲜明的轮廓在低调的蓝绿配色之中完美达成统一。

更多可用的植材选择：

臭铁筷子
（ *Helleborus foetidus* ）

绿干柏"蓝冰"
（ *Cupressus arizonica* 'Blue Ice' ）

百日草"绿炉"

蓝羊茅
（ *Festuca* 'Cool as Ice' ）

栎叶绣球
（ *Hydrangea quercifolia* 'Little Honey' ）

月影

苔草
（ *Carex appalachica* ）

鲁氏石莲花
（ *Echeveria runyonii* ）

杜鹃属

此植栽景观包括：

1. 香雪球（*Lobularia maritima*）

2. 黑龙沿阶草

3. 棕鳞耳蕨

4. 绵毛水苏（*Stachys byzantina*）

菁白之彩

这种高对比度的色彩搭配关键在于光与影之间的变幻。植栽清新的色调与花瓶光滑的釉面相呼应，随着季节的流逝，在花园里呈现出不同的亮度与质感。

更多可用的植材选择：

紫菀

百可花
（ *Sutera cordata* ）

波斯菊

绒毛卷耳

爱得虎耳草"途安白"
（又称"岩石白"）

银叶菊
（ *Senecio cineraria* ）

紫毛蕊花"白流"

鳞叶菊

黄水枝属

此植栽景观包括：

1. 美国金钟连翘

2. 紫叶狼尾草

3. 矾根"三角洲黎明"（Delta Dawn）

4. 金庭荠（Aurinia saxatilis 'Compacta'）

5. 加拿大耧斗菜（Aquilegia canadensis）

热带之春

　　这款绚丽缤纷的花朵组合汇聚了大量的阳光色调来迎接春天。朝气蓬勃的花朵以金色的连翘花为主，采用从柠檬黄到葡萄柚等各种果子露色调，营造出自然的朦胧之美。

更多可用的植材选择：

彩叶杞柳
（ *Salix integra* 'Hakuro-nishiki'）

大丽花"牛津主教"

苔草

鄂报春"萨蒙"

桐叶槭"爱斯基摩人日落"

大丽花"卡尔玛·科罗娜"

路边青"全橘"
（又称"蒂姆的橘子"）

秋海棠"蜜桃梅尔巴"

珍珠梅"塞姆"

此植栽景观包括：

1. 沙滨草（*Leymus arenarius*）

2. 刺苞菜蓟（*Cynara cardunculus*）

3. 火炬树（*Rhus typhina*‘Bailtiger’）

4. 凤梨鼠尾草（*Salvia elegans*）

5. 弗吉尼亚草灵仙（*Veronicastrum virginicum*）

6. 绣球

7. 枸子属

橙黄橘绿

从黄油黄到柠檬黄，柑橘类的色彩搭配形成了充满希望的色调组合。这种组合生动活泼，与粗糙的容器相搭配，能够形成鲜明的对比，比如石头砌成的大花槽。

更多可用的植材选择：

紫露草
（ *Tradescantia* 'Sweet Kate'）

巢蕨
（ *Asplenium nidus*)

一枝黄花属
（ *Solidago* spp.）

酢浆草"熔岩"
（又称"日落天鹅绒"）

火炬树

黄金圆叶景天

青葙"世纪黄"

芒属
（ *Miscanthus* spp.）

西洋接骨木
（ *Sambucus nigra* subsp. *canadensis* 'Goldfinch'）

4

设计创意
高级盆器植栽设计展示

盆器植栽是试验高级园林风格的理想场所，可以轻松从一个花盆扩展到一面高耸的绿墙。许多时候，这些不同寻常的植栽因为在意想不到的地方引入植物而让人眼前一亮，比如利用古典的花瓮来展示传统的园艺蔬菜（见第73页），或者将多肉植物种入未曾使用过的火盆中（见第80页）。以下示例中所展现的自然之美将让我们的想象力——还有我们的花园——得到新的提升，而且几乎不受空间和专业水平所限。

观赏性草 & 蔬植栽

在装饰性种植容器中创意地使用蔬菜，制造出典型的反差外观，突出了食用植物的美丽和多样性。羽衣甘蓝、卷心菜和辣椒等具有观赏价值的蔬菜在秋季的花盆中非常常见，但是还有许多其他种类的蔬菜，特别是各种各样的绿色蔬菜，可以为装饰性植栽提供丰富的选择。

秋季什锦（左图）：将蔬菜、香草和观赏性植物放到一个种植容器中，体现从花坛到菜地的整个花园精髓所在。这款秋季植栽以百里香和绿苋草"红线"作为背景，将卷心菜色彩斑斓的褶皱叶片衬托得格外醒目。

一瓮可食用的植栽（对图）：瓮形容器古朴庄重，带有生锈的旋涡纹饰花边，与一群不起眼的植物形成鲜明对比，包括红脉酸模（*Rumex sanguineus*）、奶油生菜和百里香。

醒目的结构： 用庄重的瓮搭配普通的蔬菜，比如上图所示的一丛丛简单的奶油生菜，在菜地里制造出一个别出心裁的景观容器。质朴的藤条格架和钟形结构也是对蔬菜植栽的绝佳补充。它们的编织结构和醒目的造型提供了建筑趣味性，同时还兼具实用性，能对蔓生类植物起到支持作用，并保护它们免遭饥饿动物所食。

吊篮

让植物从空中倾泻而下的想法自古就令人着迷，最著名的例子就是神话般的巴比伦空中花园，据说那里的花朵树叶如同瀑布一样悬垂到一层一层的台面上。吊篮能够从可控层面上实现这种魔力，让植物的生命在空中怒放。这些令人瞩目的高空植栽将花园与我们的家庭连接起来，将绿植带到门廊和种植空间有限的覆顶式户外区域。关于吊篮植物种植请参见第 79 页。

优质植材指南

蔓生植物

花朵和绿植的长长藤蔓覆盖在吊篮边缘，营造出醒目的轮廓，使户外空间更加生动。

红提灯（*Kalanchoe manginii*）：这种耐寒的多肉植物因其优雅下垂的茎株形状而得名，它具有鲜艳的粉橙色花朵且花期较长。红提灯喜欢明亮的光线和温暖的环境，因此非常适合放置在阳光明媚的门廊上。

常春藤（*Hedera* spp.）：这些喜阴的常绿类藤蔓原产于欧洲和西亚，枝叶繁茂，生长速度快。

野迎春（*Jasminum mesnyi*）：也称为报春茉莉，这种雅致的攀缘植物非常耐寒，只需很少的水就能茁壮成长。

杂色常春藤（*Hedera* spp.）：这种蔓生的藤本植物叶子因为部分区域缺乏叶绿素而形成白色斑纹。因此它对阳光比较敏感，适合在遮阳或阴凉处生长。

马鞭草（*Verbena canadensis*）：马鞭草的花期从春末一直延续到霜降，它好种易养，是一个维持持久色彩的不错选择。马鞭草的花具有丰富的花蜜，能将蜂鸟吸引到吊篮中。

披挂而下的藤蔓： 错落有致的吊篮组合让长出盆外的藤蔓植物成为关注焦点，形成具有纵向效果的大型陈设。

如何种植吊篮植栽

吊篮植栽形式特殊，而且展示位置处于半空之中，因此与普通盆器植栽相比需要不同的种植方法。

再生性苔藓内衬（顶图）：这些内衬由回收纤维制成，通过着色形成天然苔藓的外观，属于环保产品，具有优秀的保水和排水性。

节水纤维内衬（上图）：由天然黄麻和椰子纤维制成的节水纤维内衬具有生物降解性与抗虫性。它们能够保持水分，促进空气循环，维持植物根系的健康生长。

灿烂夏季（对页图）：这款富有朝气的植栽由多种色调不一的叶子组成，而大丽花、马缨丹和十字爵床的鲜艳花朵则为其增添了生动的色彩。在设计吊篮植栽时，要想获得即时色彩效果，可以在篮子里装入比地面盆器更多的植物。因为吊篮植栽具有季节性，所以不必担心植物过度生长。

第 1 步：选择心仪的篮子，使用再生性苔藓或节水天然纤维切割出适合篮子下半部分的内衬（见左图）。内衬具有固定土壤和保持水分的作用，能够为植栽制作出一个基底。

第 2 步：用水浸泡内衬。如果有想要从篮子底部生长的植物，现在即可放入。在内衬上割几条小口并插入可以向下生长的蔓生植物，比如甘薯藤或半边莲。

第 3 步：用优质的盆栽土壤填充篮子。因为植物的根部生长空间有限，所以要求吊篮里的土壤具有优良的排水性，并能够提供充足的营养。

第 4 步：在篮子中植入各种长势良好已经生根的植物。确定植物的扎根深度，因为很深的植物不适合在有限的空间生长。选择富有创意的植物组合，而且最好是生长快速旺盛的植物，比如丛生类植物、蔓生类植物、开花植物还有观叶型植物。

第 5 步：挑选一个坚固的挂钩（如钢制牧羊钩），篮子里一旦装入土壤和植物，重量就会增加。

第 6 步：吊篮里的植物比地面上种植的植物更需要频繁地浇水，因为它们不能从环境中收集额外的水分。利用一根长度合适的水管即可轻松实现高处浇水。

第 7 步：时常转动篮子，确保植物受到均匀的阳光照射。

多肉花碗

　　碗形种植容器是为多肉植物量身定做的栽培容器，它们具有充足的表面区域，能够以多植的形式展示出这些耐寒植物的活力和多样性。因为可以从俯视角度观看，多肉植物花碗也为图案化植栽提供了一个独特的机会。我们可以尝试利用小型多肉植物围绕中心植材打造出同心圆，也可以按颜色排成排，制作出梯形效果。我们最喜欢的一些宝石色调的多肉植物可以参见第 205 页。

火盆植栽（上图）：炎热的夏季让火盆无法发挥真正的用途，但是多肉花园却让它们找到了新的用武之地。火盆又大又浅的形状还有内置排水系统特别适合种植大量的多肉植物，就像这种灰绿暗蓝的色彩组合图形。

色彩缤纷的三重组（对页图）：巧妙地使用三个成套的超凝灰岩碗，连同相应尺寸的植物，比如莲花掌"黑法师"（*Aeonium arboreum* 'Zwartkop'），形成独特的色彩搭配。

绿毯：金钱麻（*Soleirolia soleirolii*）竞相生长，能够很快占满空地，因此是林下栽植的理想选择。在本图中，它们就和海角苣苔（*Streptocarpus* 'Black Panther'）还有蕨类植物一起在瓮中生长。

容器里的林下栽植

想要在盆器内创作出林下栽植的效果，可以选择小树、灌木和多年生的高株植物作为焦点植物，让土壤表面留出空地，以添加小型矮株植物作为次要植层。苔藓、垂蔓和多肉植物都是林下栽植的理想选择，它们在色彩和质感方面都能提供巧妙的意趣，创作出活力四射的作品。值得一提的是，茎株纤细修长的焦点植物还可以与中等高度的观花或观叶类植物搭配，实现更为引人注目的层次风格（参见第 35 页）。

第 1 步：挑选焦点植物，要求能够在花盆中留出充足的林下栽植空间。

第 2 步：选择林下栽植的植物，确保它们的水分、温度和光照需求与焦点植物一致。

第 3 步：正常植入焦点植物（见第 50 页），在处理基部时，将盆栽土添加到根系原先的覆土处并压紧。

第 4 步：在土壤中为每一棵林下栽植的植物挖一个洞。如果除了较小的栽植植物，还需要增添一个铺面（如砾石、板岩等），那么植物的根系只需用土壤覆盖一半，以保持铺面位于植物的茎株枝叶之下。如果不需要铺面，则像往常一样植入植物后挨个将洞填满即可。

第 5 步：如果需要添加铺面，请在此时将铺面材料覆盖在土壤表面之上。

第 6 步：植物栽植和铺面装饰都完成后，就需要对盆器彻底浇水。在确定日常维护事宜时，一定要考虑盆器内所有植物的需求。例如，与具有根球结构的苗木相比，浅根系的林下植物将需要更频繁地湿润表面。

对比鲜明：当选择林下栽植的植物时，要敢于使用鲜艳的色彩组合。在图中这个超凝灰岩的花盆中，林下栽植的黄绿色卷柏形成了一片生动的绿色，与非洲堇同样明艳的粉红色花朵相映生辉。

花架和支脚

　　有了花架或支脚，种植容器可以达到新的高度。如果最后的装饰效果有需要，或者希望更为方便地察看，此类支撑构件可以为容器增添额外的高度。另外，它们还具有实用性，冬季时可以防止因容器冻粘地面而造成损坏。支撑构件高如庄严的柱形构造，能够将植物提升到视线水平处，甚或更高（参见第87页）；选择低支脚类，也能实现微妙的风格变化并具有保护功效。如果希望此类构件的外观更加自然，与花园浑然一体，请选择能够随着时间推移而变化的材料，例如表面生锈的铁类。

实用型支脚（左图）：方方正正的柚木支脚垫在朴实的锥形花盆下，使其刚刚高出地面，实现了风格和功能的改进，为一盆不耐寒的多肉植物提供最佳的排水条件。

垫高系列（对页图）：带角的柚木支脚为上面的深蓝色釉面花盆提供了现代主义线条，并与第三个花罐的木腿相呼应，形成一个富有凝聚力的组合。最大的花罐突出了海芋显眼的枝叶，而较小的花盆中则包含矾根、大戟和黑龙沿阶草。

容器队列

　　搭配合理的种植容器排成整洁的队列，能够为花园增添结构美感，以创意型应用遮掩容器古板的外观。高度和清晰度是本书的关键要素，简约的造型和干净的线条能够创造出凝聚力，轻松引领视线穿梭其中。

整齐的队列（上图）：海洋釉面的卵形花罐排列成行，花罐上方覆盖着整齐的半圆形黄杨，映衬出道路的轮廓。随着季节变换而沾染锈迹的金属支架提升了花罐高度，使其更加醒目。

高形设计（对页图）：利用颇具重量感的柱子取代传统植物架，制造出一组高形盆植作为室外墙壁。每个柱顶上的花碗都长满了草，给人以空中桂冠之感。

花园门廊

　　虽然常见的拱形门廊大多犹如纪念碑一样庄严，但是将这种拿破仑的帝国式建筑形式变得更为自然一些却并非难事。拱形门廊构造可以形成户外焦点，可以作为一个宏伟的入口，也可以充当构图框架或者两个花园空间之间的分隔元素。它们的功能多种多样，而与之相对应的则是它们形式上的多样性。门廊可以由活植篱、藤蔓、生锈的金属或几乎任何其他坚固的材料制成。无论制作材料是什么，这些门廊在设计时都有一个共同需要注意的地方，那就是它们对景观的影响。

活植门廊（对页图）：庄重方正的凯旋门式造型因为小型观叶植物的栽植而变得更为柔和。该构造是在木制框架上安装窗台花箱，里面再种植上白花紫露草。为了保持门廊的外观，需要勤加打理。尤其是边缘处需要定期修剪，以免枝叶横生破坏整个轮廓。

缠绕的藤蔓（上图）：这个栽植开花藤本植物的门廊框架由经过塑形的藤蔓枝条制作而成，用来作为门槛，分隔不同花园的区域。

花园墙装置

虽然需要耗费一番工程，但是花园墙非常值得一试。这种植栽装置能够为不规则或利用不充分的地方提供种植空间，比如后院围栏附近或盆栽棚墙壁。这些装置的美好应用愿景与它们的适应性相匹配。无论是摇曳的青草，还是冬季绿植，只需些许的精心筹划和一把种植季节使用的高梯，就几乎能让所有的植物在垂直花园中茁壮成长。

打造植物绿墙的最大难点在于创造一个环境，让植物在远离地面的高处也能茂盛生长。安装带有节水内衬的草架是个不错的解决方法。草架的结构布局非常适合添加隐蔽的灌溉管道，而且架深也可以容纳充足的土壤，供一年生植物、多年生植物、灌木，甚至是小苗木在其中扎根生长。如果希望植物墙装置尽可能长久，则可以使用大口径热镀锌钢丝制成的容器，这种实用型组合在花园中维持一百年也没有问题。

盛夏时节： 生长最为旺盛的季节里，枝叶缠绕，草木葳蕤，大自然的生机勃勃让植物墙变得更加完美。经过几个月的生长后，番薯属植物、一枝黄花、蓖麻和红叶木槿形成的叶帘完全掩盖了以干草架作为种植容器的植物壁。

藤蔓华盖（左图）：这面直立的墙高 32 英尺（约 9.8 米）。栎叶绣球不同寻常的枝叶在苋属、草本和景天属植物的映衬下格外醒目，为这个庞大的花园制造出重要的差异变化。

绿色几何（对页图）：以古色古香的漏斗代替传统种植容器安装到久经风霜的墙壁上。漏斗呈网格状排列，解决了浇水难题。水从最高处的漏斗倒入，即可自上而下逐级流入下方的漏斗当中。

5

季节明星
四季盆栽

著名的英国日记作家、园艺家约翰·伊夫林（John Evelyn）在他 1664 年的著作《园丁年鉴》（*Kalendarium Hortense*）中写道："园丁的工作永远没有结束的一天，从年初一直忙碌到年尾。他要耕作土壤，要播种，然后要栽培，接着要收获果实。"伊夫林的说法放在今天仍然适用，日历上的每一页都为花园带来新的魅力。春天的花明柳媚，夏天的繁花似锦，秋天的流金溢彩，甚至连冬天也有着自己独特的魅力，鲜艳的浆果、常青树枝和红瑞木在皑皑白雪的映衬下熠熠生辉。盆栽花园突出了一年之中人们最喜爱和最想看到的花草，以令人印象深刻的表达手法和微缩形式展现出各个季节景观的精华所在。

富有层次的春季球根花园

　　作为园艺工作者一年中最值得期待的时节，春天似乎总是姗姗来迟。在乍暖还寒的日子里，盆器植栽可以早早地将春天领进家门。球根花卉通常是花园里最早开花的植物，以令人愉悦的色彩迎接春天的到来。

　　想要获得一盆繁茂的球根植物需要花费一番心思。许多球根植物的栽种季节必须与其开花时间相反。比如鸢尾花、郁金香和风信子等春天常见的开花花卉应该在秋天种植到土壤里，然后等待着在来年温暖的春日里绽放。而在秋季种植的时候，这些春天盛开的球根花卉还应放到阴暗凉爽（35~45℉，2~7℃）的地方过冬，车库通常就很理想。如果是在冬季末种植，则需要向苗圃购买仿照寒冷天气冷藏数周的球根植物，这样才能保证它们稍晚一些种植也能在春天开花。无论哪一种情况，球根盆栽花园都应根据开花时间制造出层次，开花晚的种植在最里面，开花早的种植在外面。

　　下面几页中所展示的盆植景观都适用上述原则，提前分层种好的球根植物将从 3 月开放到 5 月。随着春天的临近，从野生枝丫到鹦鹉郁金香和巨大的葱属植物，这样一个单独的花盆将在三种截然不同的外观里实现色彩的连续。

冬日里的等待： 当最早的花还需要几个星期才能盛开时，石楠和苔藓的铺面就为种植容器增添了些许柔和的色彩，此外还有带籽的桉树枝、榛树枝、龙江柳、旱柳和迷迭香作为装饰。里面的球根植物一旦开始生长，就需要拨开上方的石楠和树枝为生长的茎株腾出空间，另外还需要留下部分树枝作为新发枝叶的支撑。

早春: 三月,率先盛开的水仙("Minnow"和"Pink Mix")以及葡萄风信子以鲜艳的色彩充斥着整个容器。冬天的苔藓铺面依然存在,此外还有作为支撑的旱柳柳枝。柳枝此时或许已经开始发芽,完美突出了水仙和葡萄风信子令人愉悦的花朵。

五月花开

不断变化的花园在春末时节再次绽放花朵。鹦鹉郁金香"艾琳公主"（Princess Irene）与又长又尖的大型葱属植物"角斗士"（Gladiator）搭配，在郁郁葱葱的绿色背景下显得格外鲜艳醒目。旱柳的柳枝依然保留在花盆中，对这些高株花朵形成支撑，等到花园里的花朵全部盛开时，户外空间将会被点缀得更加生动。

省心的夏季绿植

在阳光灿烂的漫长夏日里，我们需要一些省心的植栽，让修枝剪和洒水壶能够好好放个假。如果设计得足够合理，盆器植栽完全可以忍受些许的疏忽，无论是夏日的热浪还是周末外出度假都没有关系。对于反映季节丰富多彩的爆盆花盆来说，不需要任何花园剪，原始自然的植物组合看起来最好。此外，还要寻找在炎热干燥的条件下能够茁壮成长的植物，这样才能确保即使少浇几天水，植栽也不会枯萎。

疯狂生长
爆盆是盛夏时分的关键词。栽种后没有密集修剪的植物会为盆器花园带来天然的有机感。景天属、绵叶菊（*Eriophyllum Confertiflorum*）、薰衣草还有狼尾草形成的耐寒植栽从壁挂篮的篮筐里冒出，以最小的维护需求展现出狂野的美感。

击败炎热

如果想要制作出能够抵御夏季极端气候并且具有影响力的植栽设计，可以选择让单独一棵耐旱的植物成为焦点，比如图中这棵喜热的橄榄树。利用颜色对比鲜明的种植容器来烘托植物，这里使用了镀锌的金属桶，在被阳光晒黑的银色中向夏季致敬。

镀锌类种植容器的做旧方法

让崭新的镀锌容器在一个星期内仿佛历经百年沧桑。

1. 对锌层表面进行清洁和预处理，去除所有可能存在的油脂和氧化物。用 5% 的硫酸溶液擦拭容器外部，并冲洗干净。

2. 在 1 升水中添加 200 克氯化铁或 1 小勺硫酸铜和 2 小勺食盐，制成溶液后用来处理容器。

3. 将容器放在阳光充足的地方晒制一周，其间定期用盐水喷洒，直到形成令人满意的外观。

传家宝南瓜塔

南瓜是无可争议的秋季花园明星，它们具有很大的装饰潜力，远远不止传统的南瓜灯那么简单。随着攀缘植物和蔓生植物的生长季节结束，不妨重新设计一下花园结构，利用传家宝南瓜堆出几个高高的南瓜塔。从小"贝贝"（Baby Boo）到大"赢家"（Prizewinner），南瓜的品种多种多样，颜色也从深橙到淡蓝不等，为装饰用途提供了许多选择。（关于我们最喜欢的传家宝南瓜品种指南见第267页。）高耸的南瓜塔以一种新颖的方式展现这些秋季明星，而且无须任何雕刻工具。

秋天的色调（上图）：当爬藤植物日渐凋零时，利用与落叶颜色相呼应的传家宝南瓜堆重新装点花盆花架。

初秋的门口（顶图）：将某一品种的南瓜高高摞起，作为创意门框使用，十分惹人注目。图中的传家宝南瓜表皮色彩斑驳，与初秋尚未枯萎的绿叶相对应。

渐变的橙色（对页图）：利用锥形花园梯架创造出一个渐变的南瓜系列来呈现秋季的暖色调。要获得完美的堆叠效果，请选择形状扁平、大小逐级变化的南瓜。

雪景植物

　　冬天可以看作花园的停滞期，一盆盆花草被收起，多年生的植物深埋雪下，等待着春天复苏的召唤。然而，仍然可以在很多地方寻找生机的存在。鲜艳的树枝和富有弹性的松柏在纯白色的背景映衬下格外耀眼，而造型独特的植物亦会在雪后形成雕塑景观。它们都是大自然的恩赐，将带领我们度过最寒冷的月份，并为年末的庆祝活动增光添彩。

以雪塑形： 预计要下雪的时候，将玉兰花枝插成醒目的造型，等到被雪覆盖后，这盆多瘤的玉兰花枝就会成为一件户外艺术品。

鲜艳的树枝（上图）：积雪覆盖的桉树呈现出蕾丝般的质感，而且能在冬季保持造型不崩。橙色的果实掩映在枝叶中，形成一抹独特的亮色。

天然饰物（左图）：奥塞奇橙是不可食用的橙桑果实，由于醒目的黄绿色外观和粗糙的质感，可以充当生动的点缀，装饰冬季植栽。

夏 荣

繁花似锦 & 美轮美奂

花园用庆典来迎接夏日的到来，每一棵植物都举起庆祝的彩旗，或是茂密的枝叶，或是鲜艳的花朵，或是攀缘的藤蔓。桌子上堆满了传家宝西红柿、多汁的甜瓜、辛辣的辣椒和各种新鲜的蔬菜，被旺季丰收的重量压得吱吱作响。花圃里的花朵竞相开放，争奇斗艳，它们俏丽的脸庞全都仰抬着，朝着太阳开放。鸟雀的啁啾声、蜜蜂的嗡嗡声还有蝉鸣声汇聚成优美的旋律在夏季的夜晚奏响。

在这个最慷慨的季节里，大自然邀请我们一起庆祝。阳光普照的下午，一望无际的绿色草坪和田野，还有金色灯光点亮的温馨夜晚，外边的一切都在召唤着我们。这是一个创造、培养和拥抱我们周围丰富景观的季节。

夏 荣

夏日游
开心女士花卉农场的盛夏花田

盛夏时节，在宾夕法尼亚州多伊尔斯敦一个安静的街区里，开心女士花卉农场（Laughing Lady Flower Farm）开满了五颜六色的花朵，焕发出勃勃生机。农场创始人凯特·斯帕克斯（Kate Sparks）一大清早就前往花田，在朦胧的晨光中察看她的花株，计划着美丽的花束。

凯特和她的家人在瑞士待了十年，并于1989年来到多伊尔斯敦。她当时从事餐饮业，并开始为自己的生意种植香草，最终发展到好几种花卉种植。很快，她对花卉农业的热情就一发不可收拾，并且全家搬到

了4英亩（约1.6公顷）的农场，建立起"开心女士"。自1998年以来，她一直在不停地成长。作为一位自学成才的花农和花艺设计师，凯特的花卉生意遍及当地大小市场，而且她还用自己农场的鲜花来设计整场婚礼，甚至让新娘亲自进入花田挑选喜爱的花朵。

凯特的花田不大，但是花田里那一片生机盎然、绚丽多姿的花海却体现在她的自然主义设计理念当中。她喜欢新鲜繁茂、变化良多的插花设计，以展现自然的色彩、质感还有当季花朵的芬芳。她的大部分

插花都插在从古董店和古着店里淘到的二手花瓶里。

春秋是忙碌的婚礼季，虽然夹在其中的夏季可以提供一段平静的时光，但"开心女士"农场的花田也迎来了繁忙的花季。七月带来了许多美丽的鲜花，包括巨大的绣球"七宝球"（Incrediball）、高耸的喇叭泽兰、明媚的毛地黄和巧克力蕾丝花。最早盛开的大丽花也不甘落后，与波斯菊、丝叶蓍、黑种草、金光菊、多花桉以及其他无数花株一起争当耀眼的夏季花材。

夏　栄

夏 荣

传统
仲夏夜

随着夏季的到来，斯堪的纳维亚的白昼时间显著延长，其中斯德哥尔摩的夏至日照时间长达 18 个半小时！所有这些阳光都值得庆祝，因为到了 12 月份，该地区的平均日照只有 6 个小时。为了利用这些漫长而愉快的白日时光，北欧国家的民众们在夏至前夕会遵循许多传统习俗，庆祝六月底的夏至到来。

五朔节花柱：许多瑞典人从夏至前夕开始放假。他们会前往乡村，和家人朋友一起花一天的时间收集用于装饰五朔节花柱的花草枝叶。五朔节花柱更准确的叫法是"midsommarstång"或"仲夏柱"。五朔节花柱竖起后，就成为传统歌舞之夜的中心装饰。

篝火：在挪威和丹麦的夏至前夕庆祝活动中，五朔节花柱将被熊熊燃烧的篝火所取代。高高堆起的社区篝火通常伴随着唱歌、跳舞和丰富的烧烤食物，在沿海一带格外受欢迎。

鲱鱼和土豆：在瑞典的庆祝活动中，仲夏夜的菜单上绝对少不了腌鲱鱼和煮新土豆，以及酸奶油、韭菜和新鲜莳萝的搭配。当季最早下来的草莓也会出现在传统菜单上，上面还会淋上一层奶油。

七朵花：在斯堪的纳维亚的民间传说中，仲夏夜是爱情的魔法之夜。据说，年轻的女子应在这天晚上选择七种不同的花朵塞到枕头下面，这样她就能梦到自己将来要嫁的人。

夏 荣

花 环 世 界

1

从花园收集材料

我们的花环制作理念 **123**

2

花环

材料与制作 **129**

3

圆圆满满

七款花环作品示例 **141**

4

设计创意

高级花环设计展示 **157**

在古时候的希腊和罗马，看似不起眼的月桂叶花环代表着社会的最高荣誉。人们会为著名的诗人、打了胜仗的指挥官，以及最出名的奥运冠军献上简单的月桂花冠。现代术语"桂冠诗人"正是由此而来，只有全国最有声望的文人学士才能获得该称号。从那时起，花环就成为欢庆和哀悼的重要象征，在一年之中的各个节日里用来缅怀敬献，或者成为喜庆的吊饰。

象征意义的不断延伸让花环的制作材料也愈加丰富。各种新鲜、干制、仿真甚至是金属植物制品，让各个季节的节庆设计都不缺乏色彩。今天，花环最常见于门口装饰，但是我们发现它们同样适合在家中各处展示。从春季的绿色花冠到冬季的苔藓戒指，下面我们将向大家展示各个季节的花环作品。（假日花环和绿植可以在"自然的节日"中找到，从第284页起。）从玄关处简单的园艺迎客摆设到户外空间的华丽装置，花环的变化形式和它们的圆形形状一样无穷无尽、不一而足。

前页图：这个能够长时间维持的花环由一层层干制、保鲜以及仿真物品组成，包括枫叶、种子荚、染色的保鲜蘑菇、石蕊和金属植物制品等，歌颂了秋天森林的色彩和质感。

右图：这个画廊风格的装置将干花和保鲜花制成的茂密花环与新鲜纤细的藤蔓花环相搭配，展现了花环在材料和风格方面的多样性。有关花环分类的详细信息，请参见第160页。

1

从花园收集材料
我们的花环制作理念

　　花环的英语"wreath"源于古英语"writha"，意思是一圈或一股。该词源突出了花环的显著特征，包括它的圆形形式，以及象征着四季的循环往返和大自然的无限更新。除了形状之外，花环的制作和使用基本没有什么规则限制。设计可以按部就班、整齐有序，也可以狂野随性；材料可以经过保鲜处理，实现最长时间的维持，也可以现寻现用，展现转瞬即逝的季节美。最后，在展示方面既可以像挂在窗口上一个单独的环饰品那样简单，也可以像级联的枝形吊灯那样复杂。下面内容中所给出的指导性概念可以根据灵感调整，以满足任何大小、空间和季节的设计需要。

搜寻时令材料

　　花环属于典型的季节性装饰，它歌颂我们在大自然中所见到的一切，并将这些材料请进家中。为了捕捉转瞬即逝的设计灵感，我们可以前往户外，从花园或森林中寻找需要的材料。既可以收集大捆的树枝树干，从头开始编制花环，也可以采摘一朵朵小花，装饰现成的金属或仿真植物花环框架。而在设计花环时，要学会接受这些寻获元素的不完美性。杂乱的树枝、卷曲的叶子或是徐徐凋零的花朵，都将自然界变幻无常的美丽带进了我们家中。（花环制作的材料指南见第 131~135 页。）

上图：在寒冷的季节寻找材料经常会收获意外之喜，比如覆盖青苔的树枝、卷曲的树皮、苔藓和松果，都能为简单的树枝花环增添质感。

对图：精明的搜寻者会从附近的花园和草地收集植株，进行干燥或保鲜处理，以延长植物的保存时间，让自己全年都能观赏到大自然的恩赐。（关于保鲜植物制作指南，请参见第135页。）

反差元素搭配使用

  日常元素和高级元素的精心搭配，有助于重构熟悉的花环风格和功能。想要得到令人惊艳的效果，就需要将反差鲜明的材料混合在一起使用，比如精致的花朵与粗糙的树枝搭配，或者使用一段彩色丝带来悬挂树叶稀疏的细枝圈。而花环的展示位置和方式也可以产生意想不到的反差效果，比如用优雅锦簇的花环装饰花园棚屋，或者用搜寻而来的材料编织成野趣十足的花环，覆盖在装饰古典的壁炉架犄角上。

对页图： 一团杂乱的藤蔓随意地挂在一个饱经风雨的篱笆桩上，而上面那圈做工精美的锌叶却提升了它的质感。这种耐用的组合能够维持数年之久，直到逐渐转变为一件花园古董。

上图： 利用光秃秃的树枝编制成造型有机的花环，对现成的灯具进行秋季改造，结果制作出精致的吊灯，风格淳朴，别具特色。

2

花环
材料与制作

　　无论是悬挂在门中央、阳光明媚的橱窗里还是壁炉架上方，花环都可以作为显眼的问候，欢迎朋友、客人和路人的到来。而无论在哪里展示，花环同样也都为季节性装饰奠定了基调，将反映户外世界的颜色和材料带入室内。在下面的内容中，将向大家介绍我们最喜爱的花环组成材料，以及实用的制作技术，一步一步地教会大家如何将这些材料转化为引人注目的季节性陈设。

花环组成材料

　　材料决定了花环的展示位置和寿命，这对于任何花环来说都是最重要的特征。新鲜的花环形成短暂的季节性装饰，在户外空间大放光彩，而保鲜植物制品则非常适合于室内展示。花环的组成材料大致可以分为四类——新鲜植物、干制植物、仿真植物和保鲜植物，其中每一类都有着自己的优点和用途。

新鲜的枝叶

　　虽然短暂，但是新鲜的花环展示了当季最好的植株。在制作新鲜的花环时，应考虑使用瓶插寿命较长的植物，或者干枯后优雅的植物，以延长展示时间。春天发芽或开花的枝条，苔藓，夏天的藤蔓（如南蛇藤）和坚韧的花草（如蓍、蜡菊和甘蔗属），秋天的枝叶、坚果和葫芦，以及冬季的松柏、干果和种穗都是不错的选择。新鲜的花环非常适合在户外使用，特别是寒冷的月份。它们受益于自然的雨露，即使没有人工加热也能够持续较长的时间。

上图： 缀满了绿油油叶子的新鲜藤蔓制作成的简单花环，宣告着夏日的到来。

左图： 光秃秃的树枝制成的不规则花环，因为早春时节丰富的蓓蕾和柔美花序而增添了质感。

干制植物

　　干制花朵和枝叶或许是最常见的花环制作材料，它们能够将新鲜的植株外观延长数月甚至数年之久。干制材料让花园的美丽得以延伸，让春夏景观中最具吸引力的部分得以保留，供人们全年观赏。精致的干制植株最适合于室内或遮蔽的户外环境展示，它们脆弱的花瓣和叶子经受不住户外的风和湿气。

当使用干制元素时，花环可以将任何季节和原生地的花草混合在一起展示，为颜色和质感的组合提供无数种选择。试试在一个花环中混合多个季节的植物，或者将两个反映不同季节的花环并排悬挂吧。在此图中，秋季的小麦花环（上）别出心裁地与夏季的鲜红色花朵和充满活力的绿植（下）组合在一起。

仿真与金属材料

如果想要制作永久性的室内外装饰，可以考虑使用仿真或金属植物制品制作花环。这些持久的材料仿照天然成分的外观，既可以直接用来制作永久性装饰，也可以充当花环底座，随时更新更加精致的新鲜和干制植株。

这个层状花环将柔软的仿真雪松与铁制的花葱相搭配，同时使用了仿真和金属植物制品。这种坚韧的组合非常适合在户外场所展示，因为它能够在漫长的秋冬季节中抵挡住各种恶劣的天气。

保鲜植物

　　保鲜花草在干制植物的基础上又进了一步，能够为花环提供极其逼真的色彩和弹性。保鲜处理用甘油取代了新鲜植株所含的水，比干制更有效地保持了植物原本的颜色和质感，但是同时也会导致部分叶子和花瓣褪色变脆。因此，甘油保鲜材料制成的花环确实需要额外注意避免置于强烈的阳光、热量或湿度下，否则会缩短其保鲜时间并可能导致甘油滴落。

用甘油保鲜叶子和蕨类植物的方法

将植物浸入简单的甘油水溶液中，即可创造出外观永远柔软鲜亮的保鲜植物。甘油保鲜使植株具有显著的柔韧性，能够适用于任何形状和风格的花环。

所需材料

- 新鲜的树叶和蕨类植物叶子
- 花园剪
- 甘油
- 大到足以淹没植株的浅容器
- 大盘子
- 纸巾
- 书本或玻璃板（用于压制）

1. 收集想要保鲜的植物，越新鲜越好。

2. 使用花园剪倾斜修剪植株，并将它们固定在水下，这样会制造出更大的吸收表面积，并去除任何可能阻挡甘油溶液吸收的气泡。

3. 制作甘油溶液。将一份甘油和两份温水（约135°F，约57℃）倒入容器中混合，容器要足够大，确保所有叶子都能平放其中。

4. 将叶子完全浸入溶液中，一次一片。

5. 叶子全部放好后，将一个平盘或托盘放到容器上，使其自动下沉，保证所有的叶子完全浸没。然后就这样浸泡两三天。

6. 从溶液中取出叶子。如果它们粘连在一起，请小心地将它们分开并在温水下冲洗，以去除多余的甘油。

7. 将叶子轻轻展开，并根据需要重塑造型，然后放到纸巾上晾干。叶子上需要盖上一本书或一块玻璃，以保持平整。

8. 等到彻底晾干后，栩栩如生的保鲜叶就可以放到花环和插花中使用了。

对页图： 甘油保鲜的植株为需要多种植物的花环提供了丰富的花材补充，但它们本身也是真正闪耀的存在，就像这些单纯由蕨类植物制成的环状装饰。这些优雅的花环需要叶子具有显著的柔韧性，因此也使得甘油保鲜比传统的干制方法更适合。

花环制作的基础知识

就形状、风格和季节性而言，花环在制作方面具有很大的创作自由。下面的说明适用于各种花环制作，既可以使用具有一定形状的树枝，也可以使用花环框架，与自己选择的天然材料相搭配（见第 131~135 页）。

利用框架制作花环

使用泡沫或稻草底座，构建郁郁葱葱四季皆宜的苔藓花环。

所需材料

- 新鲜、保鲜或仿真的植物装饰
- 泡沫或稻草制成的花环底座（工艺品店和花卉用品店有售）
- 新鲜或保鲜的石蕊和丛藓（clump moss）
- 胶枪或花留（floral pick）（工艺品店和花卉用品店有售）
- 花园剪

第 1 步： 收集材料。如果是临时性花环，可以选择新鲜的元素；如果想要更持久的花环外观，请选择保鲜和仿真材料。

第 2 步： 用一层石蕊均匀覆盖底座，并用热熔胶或花留固定（新鲜的石蕊最好使用后者）。然后根据需要添加丛藓和不同颜色的石蕊。

第 3 步： 使用花园剪来修剪植物元素的大小，使每个元素都能妥帖地与底座相结合。

第 4 步： 利用较小的植物制造层次，比如小型多肉植物和新鲜的常绿植物小枝（见图），并用热熔胶或花留固定（用热熔胶固定多肉植物的根时，每天喷水能够多固定几周）。

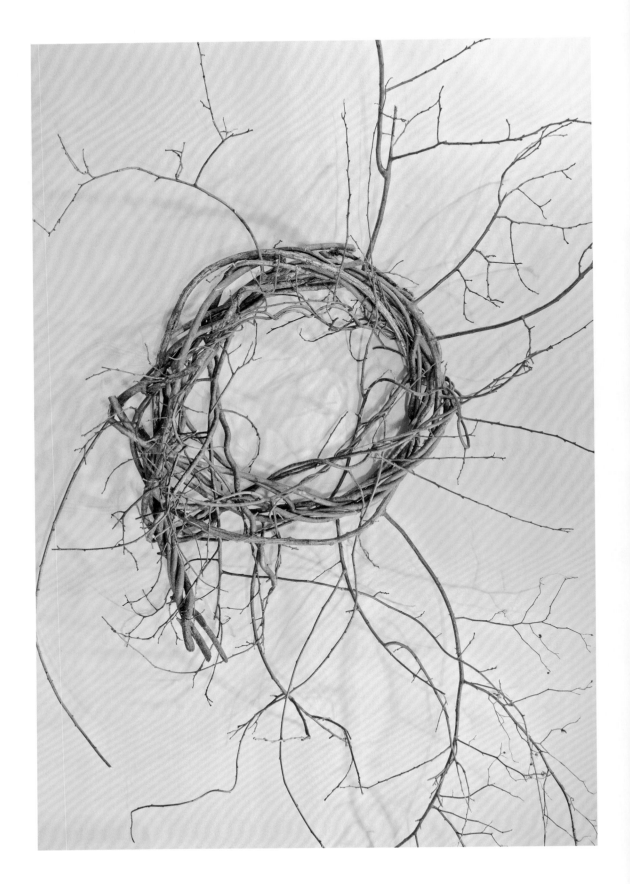

制作没有框架的树枝花环

一些花环不需要结构框架，用新鲜柔韧的树枝即可制作，如对图所示。我们不妨尝试一下这种方法，以醒目的不对称轮廓创作出充满野性的漂亮花环。

所需材料

- 柔韧的树枝
- 花园剪
- 花艺铁丝
- 铁丝剪
- 苔藓、铁兰或多肉植物（可选）
- 胶枪（可选）

第1步：收集树枝。这种花环做法的关键在于树枝的柔韧性，旱柳、龙江柳和大花四照花都是不错的选择，具有良好的柔韧性。确保树枝在弯曲时不会折断。

第2步：将一根树枝弯成圆形来衡量花环的大小。利用花园剪修剪树枝，直到树枝两端相连形成的圆形直径符合需要大小。

第3步：以第一根树枝作为参考，多修剪几根相同长度的树枝。

第4步：将修剪好的树枝弯成一个圈，制作花环的框架，用花艺铁丝连接树枝两端以形成圆形。

第5步：框架完成后，利用花艺铁丝根据需要添加额外的树枝或植物。部分树枝的末端要刻意松散一些，以打造充满野性的不对称外观。

第6步：使用铁丝剪去除多余的铁丝。

第7步：如果需要，可以利用苔藓、铁兰、多肉植物等天然装饰物为花环制造层次。用花艺铁丝或热熔胶固定装饰，或者直接将它们塞进树枝中。

3

圆圆满满
七款花环作品示例

从最坚固的枝干到最小的浆果,一个花环由很多层次组成。无论是编织藤蔓树枝的框架,还是搜集花草枝叶,制作这些植物艺术品都有助于我们陶冶情操。在下列的作品示例中,您既可以按照我们所给出的方法制作出完美的花环,也可以根据应季材料和个人风格进行适当的调整。

群星闪烁

　　这款耀眼的花环取代了传统桌饰，制作时先从三个金属环的框架开始。然后以金属环为支撑，利用野生的藤蔓、新鲜的枝叶、仿真植株和闪闪发光的灯串形成分层的混合结构，在桌子上方营造出璀璨的星空。另外，还可以将灯串换成小蜡烛放在圆环中心处，实现不同的光照效果（参见第 140 页）。

所需材料

- 3 个大小不等带有吊链的铁环
- 干制葡萄藤
- 花艺铁丝
- 铁丝剪
- 新鲜的苋花
- 新鲜的楝（*Melia azedarach*）
- 新鲜的高袋鼠爪（*Anigozanthos flavidus*）
- 新鲜的肖乳香（*Schinus molle*）
- 干制海莜草（*Uniola paniculata*）
- 仿真盐麸木
- 仿真浆果
- 电池供电的灯（以带有小 LED 灯泡的细丝灯串效果最佳）

第 1 步： 将葡萄藤分成几段，并松散地系到各个圆环四周，用花艺铁丝将它们固定到环上。

第 2 步： 从最大的圆环开始，在圆环中心处确定一个焦点。然后在每个花环的下三分之一处用花艺铁丝绑上新鲜和仿真的枝叶，让苋花、盐麸木枝和高袋鼠爪枝自然下垂。

第 3 步： 每个花环都缠上灯串，注意多绕几圈，灯串尾端需要下垂，从而照亮垂下的植物。

天然不对称

要想制作出现代风格的花环，可以考虑不对称的轮廓设计。仿真植物、干制帚石楠和生锈的金属叶等耐用材料组合让这款花环全年都受到人们的喜爱。成簇的仿真多肉植物形成设计焦点，与沧桑的金属蕨叶搭配，充满热带气息，即使最寒冷的冬天也不怕。

所需材料：

- 金属月桂叶和蕨叶
- 葡萄藤花环框架（参见第 139 页了解如何自己制作）
- 花艺铁丝
- 铁丝剪
- 干制帚石楠
- 仿真蓝盆花
- 仿真多肉植物
- 仿真景天属植物

第 1 步：首先将金属月桂叶和蕨叶置于花环框架右下方附近，两种叶子朝向相反的方向，叶子底部基本上相互挨着。

第 2 步：将金属植株参照花环框架的弧度轻轻弯曲，然后用花艺铁丝将它们固定到葡萄藤上。

第 3 步：添加干制帚石楠，利用花艺铁丝固定，从金属植株相交的地方开始一圈一圈缠绕到花环上。

第 4 步：添加成簇的仿真蓝盆花干果，使其位于金属植物上方，并用铁丝固定。

第 5 步：在金属植物相交的地方放上三棵大的仿真多肉植物，然后在多肉植物下方和周围添加拖尾的仿真景天属植物。

第 6 步：用铁丝固定多肉和景天属植物，完成制作。

混搭金属花环

利用一圈铁制橡叶作为框架,以充满收获季节色彩的小束新鲜枝叶和仿真水果为装饰,制作出这个多彩多姿的花环。花环制作使用了捆绑技术,也就意味着金属框架可以随时重新设计,只要花园里有新鲜的植株,就可以轻松更换花环上的小串装饰。

所需材料:

- 新鲜的紫叶欧洲水青冈(*Fagus sylvatica f. purpurea*)
- 新鲜的狼尾草(*Pennisetum*)
- 新鲜的萌芽松(*Pinus echinata*)
- 仿真海棠枝
- 仿真覆盆子枝
- 仿真浆果枝(冬青、南蛇藤或类似的树枝)
- 花园剪
- 花艺铁丝
- 铁丝剪
- 金属植物花环

第 1 步:收集各种新鲜和仿真植物。(如果不愿意更换植物装饰,而想制作永久性花环,请全部使用仿真制品。)

第 2 步:植株收集完成后,将其修剪得小一些,以与金属植物相匹配。

第 3 步:将剪好的植株混合到一起,分成几小束。确保每种植物各束都含有一两棵。

第 4 步:使用花艺铁丝固定各束植物,将铁丝围绕植株底部附近缠紧。

第 5 步:利用花艺铁丝将各束植物缠绕固定到花环框架上,将新鲜的切花塞在金属叶片之间。各束植物应沿着框架均匀分布,以获得繁茂均衡的外观。

第 6 步:当新鲜的切花开始褪色或枯萎时,重复第 1 到第 5 步使花环重新恢复活力。

炉台花环

　　这款花环由搜寻而来的藤蔓和染色植物制品制成，以色彩别致的鲜艳植株平衡干制和保鲜材料的柔和色调，在风格古典的起居室里成为一款亮眼的大型焦点装饰。干制银果胡颓子（*Elaeagnus*）的银色叶子随风舞动，再加上南蛇藤的有机框架，都为花环提供了充足的动感。丰富的质感和夸张的不对称设计非常适合简约的背景，比如冷灰色大理石和白色修边这类清爽的组合。

所需材料：

- 南蛇藤
- 油布
- 哑光密封胶喷剂
- 花艺铁丝
- 铁丝剪
- 干制银果胡颓子
- 保鲜霸王棕
- 干制桉树枝（以深橙色或红色的染色树枝为佳）
- 新鲜的冬青
- 干制蓟
- 干制袋鼠爪
- 金属蕨花彩（garlands）

第 1 步： 首先收集细长的南蛇藤（根据所需的花环大小，最长可以达几英尺）。

第 2 步： 将南蛇藤放在户外的油布上，用哑光密封胶喷洒以防止浆果掉落，并晾干。请务必确保没有浆果掉落于室外（参见第 150 页的小贴士）。

第 3 步： 为了保持底部透气，将南蛇藤松散地编成一个粗糙的圈，保留它的自然动感。如果需要，用花艺铁丝固定藤圈末端。

第 4 步： 利用剩余的植物制品制作出一个大"胸针"，先以大的银果胡颓子枝作为底部，再一层层地密集添加霸王棕、桉树枝、冬青、蓟和袋鼠爪。利用花艺铁丝将"胸针"固定在花环下方。

第 5 步： 在花环四周额外添加一些银果胡颓子和美洲冬青的切枝，以获得更加柔和的轮廓。

第 6 步： 将金属蕨花彩从胸针对面的负空间缠绕穿过，让它形成自然编织的状态，并完美地从藤圈底部露出，完成最后的制作。

秋天的浆果和枝叶

　　这款松散的多层花环只由两个构成部分：搜集而来的藤蔓和易弯曲的花彩。首先从南蛇藤制作的花环底座开始。南蛇藤在秋末冬初之际看起来尤为鲜艳，因此是收获季节完美的门阶装饰。从夏季的忍冬花到冬季的常春藤，只要能够采集到新鲜的藤蔓，并借助柔韧易弯曲的花彩制品，本款设计任何季节都可以制作。

所需材料：

- 新鲜的南蛇藤
- 花园剪
- 油布
- 哑光密封胶喷剂
- 花艺铁丝
- 铁丝剪
- 金属叶花彩

第1步： 首先收集深秋时节的南蛇藤，此时的南蛇藤会长出鲜艳的浆果。切割出一定长度的藤蔓制作出一个简单的小圆环，或者多切几段藤蔓制作较大的多层花环。

第2步： 将南蛇藤放在户外的油布上，用哑光密封胶喷洒以防止浆果掉落，并晾干。请务必确保没有浆果掉落于室外。

第3步： 藤蔓胶封后，将其弯成一个松散的圈，如果需要，可以多缠几次以获得更加饱满的造型。趁着藤蔓还比较柔韧，这一步最好立刻进行。

第4步： 根据需要用花艺铁丝连接藤蔓末端，然后将金属叶花彩缠到藤蔓框架上。金属叶花彩将帮助藤蔓保持造型以供展示。

南蛇藤小贴士： 东南南蛇藤很容易与南蛇藤混淆，后者具有极强的侵入性，造成的生态破坏远远超过景观价值，一旦发现，应及时去除。如果您想在季节性装饰中使用带根的南蛇藤，请务必使用哑光密封胶喷剂对其进行处理，以免造成果实和种子的传播繁殖。

有几个关键的特征可以帮助我们来识别两种南蛇藤： 东南南蛇藤的浆果只在藤蔓末端处生长，而南蛇藤的浆果则沿着整棵藤蔓分布；东南南蛇藤的红色浆果长有橙色种皮，而南蛇藤的红色浆果长有黄色种皮。

闪闪发亮的花环吊灯

这款花环在中心处巧妙地使用了一个三臂吊架，使其能够水平地悬挂在户外桌子上方，形成一个别致的吊灯。这款充满夏日风格的设计以石蕊为底座，但是实际上任何由单一植物制作的花环都可以作为基底。春天的桉树，冬天的松柏，都值得一试。将这些花环成对挂在庭院的藤架下，能够营造出温馨的户外用餐空间。

所需材料：

• 预先做好的石蕊花环

• 金属花环吊架

• 金属叶花彩

• LED 灯串

• 新鲜的藤蔓

• 花艺铁丝（可选）

• 铁丝剪（可选）

第 1 步： 将石蕊花环放到吊架上，并缠上金属花彩。

第 2 步： 留出金属叶花彩的一端，并向上缠绕到吊架的一条臂上。

第 3 步： 从吊架顶端开始，将灯串缠绕到吊架臂上，灯串的末端从花环中心垂下。

第 4 步： 将新鲜的藤蔓松散地放置在花环周围，注意部分藤蔓末端朝外，打造出自然的轮廓。（如果需要，使用花艺铁丝固定藤蔓。）

森之戒

　　这款超大的花环属于永久性装置，放在大型室外墙面上能够形成一件显眼的饰品。设计采用一段段切割的桦树原木为材料，组成简洁巧妙的几何图案。我们可以按照以下步骤用原木段组成十边形，制作出直径为 6 英尺（约 1.8 米）的双圈花环。另外，随着节假日的来临，不妨试试在桦木的框架基底上添加一些灯饰和绿植以增加喜庆的色彩。（关于更多假日花环的创意请参阅第 284 页"自然的节日"。）

所需材料：

- 桦树原木
- 斜切锯
- 卷尺
- 铅笔
- 方头木螺钉、曲头钉或木胶
- 吊架

第 1 步： 收集几根大小均匀的桦树原木，我们需要足够的原木来切割出 20 根大约 2 英尺（约 0.6 米）长的木条。

第 2 步： 将斜切锯设置成 18 度的切割角，并确保刀片锋利。

第 3 步： 以 18 度的角从一根原木的一端开始切割。

第 4 步： 完成第一次切割后，顺时针旋转原木，然后将它翻转 180 度。确保一直这样旋转并翻动原木，让切割出的端口斜面相互匹配。

第 5 步： 从斜切口的外侧开始在原木上量出 22¼ 英寸（约 56.5 厘米），并用铅笔进行标记。准备下一次切割，并仔细检查，确保会产生相反角度的切口末端。

第 6 步： 以铅笔标记处为外侧，开始第二次斜切。

切割出来的木段用铅笔标为 1 号，之后切割的每一段木头也依次进行标号。这将确保从同一根原木切下来的木段能够相互匹配，实现紧密贴合。

第 7 步： 测量新切下来的原木，确保最长一侧为 22¼ 英寸。

第 8 步： 按照第 2 步到第 7 步的步骤重复进行，切割另外九根木段，每段的长度为 22¼ 英寸。

第 9 步： 测量刚刚切割的木段短边，准备制作花环内圈。以测量出的数值为准，确定内圈木段的长边长度（此测量值将根据原木直径的不同而有所变化）。

第 10 步： 重复第 2 步到第 8 步的步骤，使用第 9 步中测量出的数据作为每根木段的长边长度，切割出花环内圈的十根木段。

第 11 步： 所有的木段都切割完成后，按照内外两圈的木段编号顺序组合花环。将整个花环摆放在平坦的表面，以确保所有木段的斜面都紧密贴合。

第 12 步： 使用方头木螺钉、曲头钉或木胶连接木段，完成花环。

第 13 步： 使用结实的吊架将花环安装在需要的位置。

4

设计创意
高级花环设计展示

　　虽然花环的形状有着明确的定义，但是它们在构建和用途方面的应用可能性却跟其圆形轮廓一样无穷无尽。以下展示的作品不再局限于我们熟悉的花环用途，而是将它们视为整个家居装饰元素的创新替代者。

水平花环

　　调整一下花环的方向，将它们水平悬挂，成为令人惊艳的装置。这些临时吊灯创造出柔软的植物华盖，无论悬挂在室内还是室外，都可以营造出温馨的氛围。搭配上灯光和蜡烛，还可以为房间或庭院笼罩上一层柔和的金色光辉。关于如何制作一个闪闪发光的花环吊灯，请参见第 153 页。

春天的吊灯（上图）：花环吊饰的框架缠绕着灯和绿植，还有一圈密集的干勿忘草作为装饰，上面点缀着月桂叶和鼠尾草。

夏天的吊灯（对页图）：利用三管吊架将一个石蕊花环悬挂在庭院藤架中心处，成为户外吊灯的焦点设计。吊架上还挂着一串吊在黄麻绳上的玻璃烛台，其中每个里面都装有一盏实用的香茅茶灯，点亮夏日的夜晚。

花环壁廊

虽然在门口或壁炉架挂上一个花环即可成为迷人的饰品，但是将几个花环聚在一起产生的装饰效果也相当可观。干制、保鲜和仿真材料能够长期展示，因此是构建花环壁廊基础的最好选择。另外，也应留出一些空间放置新鲜的花环，并及时更换以反映季节的不断变幻。我们在下面列出了一些注意事项。

材料多样： 选择不同颜色和质感的材料以实现视觉的趣味效果，然后通过几个主题的重复使墙壁的整体风格达成统一。在本例中，颜色醒目、排列紧密的干花花环引导着观赏者的视线。而比较微妙的重复性主题则包括金属植物制品和干制藤蔓，在呈现出丰富的材料组合的同时，仍然能够让人感觉到设计的用心和有序。

形状和大小： 收集不同大小的花环，创造出洋溢着小确幸的大胆视觉陈述。圆形轮廓的重复将有助于实现不同大小的花环统一。

松紧结合： 利用透气的设计来平衡密集的花环，让眼睛得到休息的契机。在本例中，墙壁中央松散缠绕的藤蔓花环，就对附近轮廓更为明确的金属玫瑰花环和保鲜蕨类花环起到很好的补充作用。

集成元素： 在地板或桌子上添加向上探墙的高式样物体，让壁廊与空间的整体装饰相联系。

篮子花环

以安装在墙上的浅篮子作为现成的框架，利用季节性材料，制作茂密的多层花环。篮子的坚固构造可以支撑花彩、树枝、灯饰，甚至是球根类活植的重量。

冬季的球根花环（上图）：用篮子做成的花环具有额外的深度，能够容纳一些独特的季节性装饰。在本示例中，一窝新鲜的苔藓簇拥着新发的多花水仙，为冬日带来一抹生动的绿色。篮子本身被树枝和蔷薇果组成的野生巢穴所掩盖，而后者则与其中的绿色嫩芽形成鲜明对比。

秋季的灯光与叶子（对页图）：在一个厚实的柳条筐上制作秋季花环，用高粱、桉树叶、苋和肖乳香等材料装饰，最后再加上一串精致的灯饰。

桌饰

花环平放在桌子上时，可以充当现成的中心装饰，提供丰富的应季植物展示。如果是圆形桌子，可以尝试在大花环中心放置柱蜡或成对的烛台；如果是长方形的桌子，不妨试试将几个较小的花环顺着桌子的长度摆成一条线。

好的框架（左图）：顶部带有蜡烛托的空心金属框架可以搭配任何天然材料来制造中心饰品，比如这种细藤蔓、苔藓、满天星、文竹和中空鸡蛋的组合。

简单的转变（对页图）：不起眼的花架与干制植物花环搭配，可以轻松制作出一款餐桌中央饰品。

秋　实

壁炉与丰收

———

虽然秋天的到来让花园褪去了喧嚣，日渐寂寥，但是这些短暂的时日仍然足够举办一场盛大的庆典，为一年当中最后的收获增添色彩。红叶似火，在清冷干净的下午触摸着蓝天，丰收的南瓜、苹果和根茎类蔬菜充盈着菜地果园。

这些标志着季节变化的自然迹象衍生出温暖的传统，让我们从菜地里抱来新鲜的南瓜装饰门阶，在花园里采摘最后的花朵制作成暖色调的花束装饰桌面。这些传统的本质是一种聚集的愿望，为未来贫瘠的月份收集秋季的恩赐。这种聚集的本能也延伸到我们的家人和朋友，让大家在白昼渐短的秋季里为了庆祝丰收和富足而欢聚一堂。

秋实

秋日游
弗洛雷特花圃的大丽花

从东海岸到西海岸，夏秋交替之际让美国花卉农场迎来了大丰收。八九月份是大丽花盛开的季节，说到此时最美的花田，怎么能少得了弗洛雷特花圃（Floret Flowers）。

弗洛雷特花圃位于华盛顿的斯卡吉特山谷（Skagit Valley），最初是一家农场和花艺设计工作室。今天，他们也为有追求的种植者们提供种子、球根、园艺工具和研讨会。创始人艾琳·本扎金（Erin Benzakein）和她的丈夫克里斯（Chris）希望在大自然的怀抱里安家，因此从西雅图搬到这里的农场。他们起先打理的是一个大菜园，但是当他们开始种植和分享鲜花时，却收到了惊人的反响，令人喜出望外。鲜花对人们的影响引起了艾琳的好奇心，她说："一束花可以让人流泪、微笑、快乐或思念，我喜欢那种感觉。我送出

去的第一束花，收到的人一边流泪一边将她的脸埋在花丛中，怀念自己小时候在祖母的花园里度过的快乐夏天。从那时起，我就知道我找到了自己的使命所在。"

从春天的花毛茛、银莲花和郁金香伊始，弗洛雷特花圃每个季节都会绽放最美的花朵。而到了初秋，则是大丽花的世界。艾琳说："经常有人问我最喜欢的花是什么，每次回答这个问题感觉都像是要选出自己最喜欢的孩子一样。但是到了八九月份，这个问题的答案永远都是大丽花。"

弗洛雷特的花田里种植了近一万棵大丽花，需要几个月的辛勤规划才能换来五彩缤纷的收获。最后一次霜冻过后两周时间，花床用堆肥和化肥准备完毕后，就会种植大丽花块根。利用滴流灌溉满足大丽花

的高水分需求，同时搭配厚厚的覆盖层来隔离新种的植物。几周后还要拉开覆盖物，给新发的幼芽腾出成长空间。等到植株长到大约 12 英寸（约 30 厘米）高，就要对它们进行修剪以增加花枝数和整体的植株高度。最后，每棵植株都要立架，以准备迎接硕大的花朵。

所有这些准备工作都完成后，就可以等待收获了。艾琳说："当大丽花收获的季节来临时，我们已经做好了一切准备，全力迎接这项单调、美丽而稳定的任务。"她表示在收获最忙的时候，做梦都是大丽花，计算捆绑着花株，然后将它们浸入水中。农场的许多日子就这样在大丽花的花田里度过，从日出到日落，装满一车又一车鲜艳的花朵。

为何喜爱这些开花晚的植物，艾琳表示有几点原因："虽然大丽花不是一种持久性切花，但它们漂亮的花朵弥补了短暂的存在。大丽花很容易生长，颜色丰富，而且在花卉生产方面几乎无可比拟。谁能不爱呢？"

秋实

秋
实

传统

宾夕法尼亚州的南瓜拍卖会

每年秋天，在宾夕法尼亚州中部延绵起伏的农田里，都有成堆新鲜采摘的南瓜在等待拍卖。从劳动节周末到10月中旬，只要是适合户外拍卖的天气，农民和买家都会聚集在一起，寻找这个季节最好的果瓜。

农产品拍卖会全年举行，而南瓜和葫芦则是拍卖会上的常客。秋初的时候，它们与卷心菜和苹果等其他时令果蔬一起出现；秋末的时候，拍卖会更集中于装饰性南瓜；而在南瓜季节的高峰期，最佳品种的竞争可能会更为激烈！

成千上万的南瓜，成百上千的出价人，还有此起彼伏的叫卖声，拍卖会可谓热闹非凡。在许多拍卖会上，当地的阿米什农民会带着大量农产品参加。

除了经典的橙色雕刻南瓜外，常见的传家宝南瓜色调以粉红色、灰色、白色和浅绿色为主。近年来，"加拉代尔"因为独特的灰绿色外皮一直受到青睐。拍卖会的另一个明星产品是"黑布津"，一种小型的观赏南瓜，颜色会随着时间从黑色变成覆盆子色再变成灰色。每年秋天，拍卖会上都会有意想不到的宝贝出现，包括以前不知名的传家宝南瓜和新品种，不断丰富着南瓜的颜色范围。

秋
实

野 趣 插 花

1

崇尚自然

我们的插花理念 **183**

2

插花

材料与制作 **189**

3

令人惊艳的花朵

八款插花作品示例 **211**

4

设计创意

高级插花设计展示 **229**

5

季节明星

四季插花 **251**

不论在几千年的历史长河里还是在不同的文化里，植物插花都有着重要的象征意义。在古埃及，葬礼期间的坟墓装饰随处可见莲花的存在；几千年后，维多利亚时代的人们在"花语"启发下开始互相赠送花束，让每株花都赋予特殊的含义，传递出某种复杂的信息；今天，插花仍然发挥着重要的功能，在周日晚宴和婚礼等各种场合作为喜悦欢庆或悲伤哀悼的象征。

虽然插花是日常生活的一部分，但它们却并非日常必需品。本章内容透过一束束的插花，去发现更广泛的造景可能性，并从园艺工作者的角度思考，哪里能找到比温室花朵更加宝贵新鲜的时令材料。传统的花卉花瓶与寻获的树枝和别致的花器一起搭配。盆栽植物与切花组合在一起，形成不可思议的陈设，展示转瞬即逝的美丽。具有数百年历史的日本花道激发了极简抽象派的植物微景观。每一款插花陈设，无论风格如何，都遵循有关空间、造型、线条和质感的通用设计原则，从而创造出均衡、立意鲜明和引人注目的陈设作品。

无论是盆栽植物、新鲜的切花还是两者的有趣组合，本章中的每一款设计都反映了我们设计理念的关键，即乐于探索并接受自然界中更广泛的材料可能性。接下来的插花作品除了传统切花，还使用到带芽的树枝、茂密的苔藓、柔嫩的树苗，以及更多意想不到的发现。利用这些材料，每款设计都被打造成特定季节的精华礼赞。凭借灵活巧妙的手法和设计师对细节的关注，您也可以创造出真正美丽的植物插花，将家门外鲜活生动的景观带回家。

前页： 以初秋景观中寻获的元素填充自然风格的槽状插花，制作成中心桌饰，开启晚宴话题。（关于此插花的制作详情，请参阅第 224 页。）

右图： 自由探索自然元素的宝库时，多多留心平时注意不到的地方，惊喜有时就在我们的窗外。繁茂的常春藤、刚刚发芽的树木或一片不起眼的草本植物都可以为插花的设计和制作提供传统切花以外的选择。

1

崇尚自然
我们的插花理念

　　插花艺术只需遵循一条严格的规则，那就是：作品应该突出大自然的精华。除此之外，创作过程完全可以自由发挥。制作一款插花时，要想想之前没见过的东西，然后再进行实验。高与矮、简与繁、切花与栽植，各种不同寻常的组合能够令制作者和观赏者都感到惊喜。一棵简简单单的小树转变成盆景风格的桌饰植栽时魅力得到提升，一根粗糙的树枝插到庄严的花瓶中获得了建筑美感，而普通的秋季植株则可以取代传统花朵充当晚宴的中心装饰。多一些变通，对大自然进行全方位的探索，创造出别致有趣、四季常新的插花作品吧！

灵活变通

制作插花时，材料的选择是第一步也是最重要的一步。每款设计都应该从探索自己的后院开始。很多情况下，最美的材料往往就在我们最容易忽略的眼前。

机智灵活的设计者懂得自然界充满各种可能性，绝不仅限于我们所熟悉的园林花草枝叶，多得是切花花园里没有的颜色、质感和造型。比如，早春有花朵绽放的枝条和破土而出的球茎，夏末有成片的野花和优美的种穗，而秋季有色彩丰富的传家宝南瓜。其中树枝尤其提供了丰富的可能性。从紫玉兰淡雅的花朵和麻栎低垂的柔荑花序，再到深秋枝头色彩斑斓的叶子，这些从田地林间采撷而来的奇妙野生造型，把插花艺术转变成对大自然的真实反映，将季节性景观带入我们的家中和庆祝场合。

对页图： 从附近收集常见的持久性材料作为装饰元素，譬如干枯的树枝、松果、干果和苔藓。有些可以直接使用，而有些则需要机智的处理，比如去掉枝叶露出独特的干果，或从树枝上摘下单独的松果，创作具有质感的铺面。

上图： 色彩斑斓的叶子、苍翠欲滴的小段藤蔓或干燥的种穗等小型野生元素，与传统的新鲜切花搭配能够形成更富有震撼力的颜色和质感冲击。

组合展示

　　只要精心设计合理搭配，一组小型插花也可以像一款大型插花或中心装饰一样引人注目。成功组合的关键在于讲究并突出统一元素，引导视线将整个陈设视为一体，因此请确保每盆插花具有相似的植株、颜色和质感，以创造出富有凝聚力的整体。除了里面的植株和植物外，相似或互补的花器材料也有助于形成统一的陈设。

左图： 当手边有许多单棵植株和小型观叶类切花时，不妨将一系列小花瓶聚集到一起，轻松完成一款插花设计，但是为了获得统一的外观，请选择色调相仿的玻璃容器。

对页图： 放在阳光角落里的小型灌木林形成非典型插花。香桃木和大果柏的秀长植株和繁茂的顶部轮廓与莲花掌的光滑表面相呼应，植株较矮的多肉植物使该系列更为丰满。

2

插花
材料与制作

每次插花之前，我们都要思考两个基本问题：一是需要哪些材料；二是采用什么样的形式将这些材料组合到一起。虽然问题并不难，但是决定答案的因素却有很多，比如季节、花材、花器、插花摆放的空间和场合，等等。夏日的花园派对需要成束盛开的鲜花，而冬季的壁炉更适合一盆简单的嫩叶，为室内带来一抹生动的绿色。接下来的内容将从三个基本点着手对插花进行详细介绍，即花器、花材和规格。

插花的规格

说到插花，我们首先想到的可能就是一个装着新鲜切花的花瓶，但是实际上这些多彩多姿的陈设还有着更多的表现形式。从广义上讲，插花可以根据大小分成三类，分别是点缀、桌饰和装置。而无论大小如何，插花都要捕捉自然界的精华，并将它的美与附近的空间融为一体。

小型点缀式插花

这类插花的样式最为丰富，包含多种可以装点客厅、床头柜或窗台的小型陈设。虽然有时以大捧花束的形式出现，但是点缀式插花通常都以更为简单的形式来实现美丽时刻，比如在小罐子中插入新鲜的枝叶，或者使用淘来的花瓶或再利用花瓶，甚至是玻璃容器，与植物制品相搭配。

点缀式插花的形式多样，尺寸小巧，因此是插花入门练习的完美选择。只需将自己喜爱的鲜花放入花瓶，然后将它们放到玄关、边桌或橱柜上，就能完成一款插花。等到我们积累一定的自信后，就可以利用这类插花探索花瓶之外的创新空间。

任何想要放置一瓶鲜花的地方都可以摆上像这样的小型植栽（多肉植物和干松枝的朴素组合），形成比新鲜切花持续时间更长的植物装饰。

中型桌饰插花

桌饰插花是让人们打开话题的最好引子，也能让节假日聚会的桌子别具一番风采。传统的中心桌饰插花设计会选择长而窄的花器，以与桌子本身的轮廓相匹配。但是，这类插花在造型方面却并没有太多限制。将最喜欢的花瓶分散在餐桌四处，并在每个花瓶中都插上几枝花，或者直接在桌面上用新鲜的草木创作一个生动的"领跑者"，都大可一试。

这款对比鲜明的中心桌饰将铜槽流畅的线条与初夏茂盛的植栽相结合。三棵鸡爪槭树幼苗成为这款插花的焦点设计，周围环绕着一片野生的花草枝叶。（这个漂亮的水槽只是三棵小树苗的临时居所，等到树苗长大一点后，应该定植到地里。）

大型装置插花

在需要真正大型插花的场合，装置插花刚好能派上用场。这些无与伦比的陈设适用于多种场合，有助于完善环境，奠定活动的主题基调。它们为大胆的设计师提供了契机，让他们重新构思插花的造型和位置，对大量材料的创新应用展开探索，比如季节性的观叶植物和茂盛的花朵。

上图： 以花卉"胸针"的概念为灵感，这款装置利用层叠的月季和彩色的叶子为初夏的婚礼创造出一个繁茂的华冠。包括带有勃艮第红色调的粉色大花四照花和银背胡颓子在内的精致枝叶，与古老的寺庙建筑装饰和上方树木的自然动态相呼应。

对页图： 一片悬空的森林为夏日聚会营造出迷人的氛围，让客人们在颤杨（*Populus tremuloides*）之间相会。每棵树的底部都采用圆形设计，打造出"根球"的效果，而且上面还种植着一系列活植和鲜切野花。

花器指南

　　花器不仅是构成插花的基础，而且有助于明确我们的设计结构和风格。高花瓶可以奠定传统基调，并为一系列修长的树枝提供必要的支撑，而时尚的花槽在中心处种植上彩色的多肉植物时，则能实现现代风格设计。

---

1 | **黏土罐：** 小型黏土罐或陶土罐为几种小型植栽组成的插花提供了完美的基础，同时也是对传统花园的致敬。这些朴素的花器让里面的植物成为人们关注的焦点，并形成重复的轮廓，有助于室内陈设的统一，比如这排放在窗台上的紫娇花（*Tulbaghia violacea*）。

2 | **花瓮：** 跟户外花园中较大的同类产品相比，迷你花瓮同样能为插花作品带来古典魅力。可以试着将它们与简单杂乱的绿植搭配，制造出别致有趣的鲜明对比，就像这些日本花柏（*Chamaecyparis pisifera*）一样。

3 | **花槽：** 花槽的造型时尚简约，非常适合充当方形和长方形餐桌上的中心桌饰。花槽里可以装满茂盛的新鲜切花或长排的小型植物。

4 | **花瓶：** 花瓶具有各种大小和轮廓，当进行选择时，请考虑最能支撑植株的花瓶造型和材料。窄口花瓶能够保证花束紧密聚拢，从而获得饱满的外观，而具有一定重量的宽口花瓶则能确保头重脚轻的花枝保持竖立。

5 | **托盘：** 要想利用许多不同的插花创作出统一的陈设，可以把摆放在家里各处的小花盆或花瓶收集到一起，然后放到一个大托盘上。这种系列组合能够制造出一款生动的中心桌饰，而且可以随意变换位置。

6 | **植物缸：** 观叶植物制成的繁茂插花置于玻璃缸时，能够提供有关根和土壤的独特视角，从而形成天然奇观。敞顶的玻璃缸可以让较高的植物向外伸展，而密封的玻璃缸则制造出一个封闭系统，非常适合喜欢潮湿环境的植物。

插花的组成成分

　　自然材料是插花的决定性因素，而材料的选择也是创建一款新设计的关键步骤。从野生的树枝和发芽的球茎，再到新鲜的花朵和精致的多肉植物，各种大小和风格的插花都能从户外世界找到丰富的材料。

树枝

　　树枝或许是插花设计中最引人注目的材料了。它们具有不容忽视的外观、茂密的枝叶和鲜艳的花朵，让我们的家从初春到清冷的深秋一直都充满活力。当我们寻找完美的树枝来填充花瓶或构建装置时，这些大小可观的材料也在鼓励着我们探索自然世界。随着冬去春来，树枝的花叶可以提前"强行"复苏，关于这方面的详细介绍，以及我们最喜欢的春季树枝，请参见第 252 页。然而，春天并不是树枝大显神通的唯一季节。它们全年都能以枝叶和果实的形式提供丰富的趣味。

左图： 当景观中几乎没有其他突出的材料时，开花的树木会成为丰富的花朵来源，就像这棵缀满红色花朵的梅树。

对页图： 利用早春的树枝制成简单但令人印象深刻的插花。粗犷的造型，再加上柔软舒展的叶子和花朵形成的点缀，整个设计提供了对比性研究。

苔藓

 作为我们最喜欢的天然材料之一，苔藓在插花之中能够产生重大的影响，是非常奇妙的插花组成部分。尤其是在萧条的冬季，此时的苔藓将成为稀有的天然绿色来源。苔藓非常适合填充插花的底部，用来隐藏土壤、小型栽种盆器或剑山。它们还可以用来支撑顶部繁重的植物，并为新鲜的切花或活体植物保存水分。采集苔藓时请确保每个生长地只采集几片苔藓。它们生长缓慢，如果从一个区域采集太多，恐怕很难再生。如果您所在的地区找不到生有苔藓的林地，还可以考虑选择颜色和质感都不亚于新鲜苔藓的保鲜材料。无论是新鲜苔藓还是保鲜苔藓，这类郁郁葱葱的材料都能实现"森林地面"的效果，打造出颜色和质感丰富无比的底面。

左图： 插花底部的苔藓床为头部过重或生长不规则的植物或花株提供装饰性支撑，比如图中这些早春的风信子。

对页图： 虽然苔藓最常见于森林地面，但它们也可以在潮湿阴暗的环境中茁壮生长，比如石头、树桩和树木上。

苔藓

关于苔藓，其实存在着一个令人吃惊的秘密，那就是许多最受欢迎的品种其实根本不是苔藓，而是外观和生长习性与苔藓相似的地衣、苔类植物和凤梨科植物。

丛藓： 这种翠绿色的苔藓因其丛生特性而得名。每周至少两次为其表面喷水，以保持鲜艳的颜色。

灰藓： 这种多功能苔藓具有深绿色色调和低矮的株型，能够提供犹如地毯般的厚厚覆盖层。虽然适应性极强，但是低光照和频繁的喷雾更有利于它的生长。

石蕊： 这类耐寒的地衣可以作为驯鹿的食物选择，在不受阳光直射和定期喷洒水雾的情况下，能够长时间保持颜色。它也可以进行脱水和染色处理，制造出更丰富的色彩。

老人须： 这种美国南方常见的哥特式风格植物其实并不是苔藓，而是一种附生植物，一条一条毛绒绒地挂在树枝上。老人须适合置于明亮的间接光照下，同时需要喷洒水雾以保持其表面湿润。

花卉枝叶

　　新鲜的花朵或许是我们最常见的插花材料，它们所提供的色彩盛宴令人难以抗拒。（关于我们在切花花园中最喜欢种植的花卉请参见第202、203页。）但是，此类花材所包含的植物范围远比传统花束要广泛。除了观赏类植物外，还可以在森林中寻找独特的花朵和树枝，在香草园中寻找形状美观的草叶，在春天的草地上寻找发芽的球根类植物，在果园里寻找新鲜的水果。

一个传统的园艺花篮作品，其中包含一系列新鲜饱满具有渐变效果的切花。花篮里的花从左到右依次为银叶菊、波斯贝母、阿尔泰贝母、花毛茛、丁香、展瓣贝母花、饰冠鸢尾（*Iris cristata*）和郁金香。

切花花园的花卉选择

建造一个切花花园，专门种植不同寻常的观花观叶类植物，确保随时都有可供使用的季节性插花花材。以下列举的植物都是非常优秀的花材，可以作为绝佳的基础材料，制作各类美丽的插花。我们将自己最爱的花卉分为两类，分别为用于正式花束制作的传统花材和用于即兴插花创作更具有野趣的自然风格植物。

传统花材

银莲花（*Anemone*）：这些多年生的花卉隶属于毛茛科植物，茎株直立挺拔，非常适合制作切花花束。它们也被称为白头翁，颜色从白色到深红不一而足，具有甜美的圆形花瓣。

高翠雀花（*Delphinium*）：高翠雀花色泽饱满的蓝色长茎花朵使得它成为夏季插花里耀眼的存在。这些艳丽的花朵喜欢温和的气候，比如潮湿凉爽的夏季。

大丽花（*Dahlia*）：种植大丽花最困难的地方恐怕在于只能选择其中一部分种植。大丽花属植物的种类极其多样，有超过 57000 个品种。从精致的直径为 2 英寸（约 5厘米）花朵到巨大的"餐盘"品种，都具有丰富的颜色和质感。

洋桔梗（*Eustoma grandiflorum*）：洋桔梗的花瓣带有优雅的褶皱，是代替月季的最佳选择，非常适合正式插花，而且还能提供一系列清新的色调。

英伦月季（*Rosa*）：英伦月季以茂盛的花朵、浓郁的香气和相对简单的养护要求而闻名，为月季种植提供了最好的入门性练习。

芍药（*Paeonia*）：芍药被一层层犹如天鹅绒般的花瓣包裹着，是制作单花花束的最佳选择。花季过后，它们的星形干果可以添加到干制插花当中。

毛地黄（*Digitalis*）：一枝枝鲜艳的花朵使毛地黄成为村舍花园插花的最爱。这种簇生的管状花颜色多样，从白色和黄色到粉红色和紫色不一而足。

花毛茛（*Ranunculus*）：花毛茛具有直立的花株和较长的瓶插寿命。它们的花朵饱满，花瓣娇嫩，紧密地包裹在一起，呈现出与月季相仿的外观，而且颜色丰富，包括纯白和引人注目的红边在内的各种花色。

蜀葵（*Alcea*）：这种颇受欢迎的观赏类植物非常适合播种种植。它们的茎株高耸挺拔，上面长有鲜艳的花朵（花色包括亮白色和深酒红色等多种颜色）。

蓝盆花（*Scabiosa*）：又名轮锋菊，易养护，属于忍冬科植物。蓝盆花是非常受蝴蝶花园欢迎的花卉品种，它们的花朵精致漂亮，能够从春天一直持续到第一次霜冻。

自然风花材

苋（*Amaranthus*）：苋带有绒毛的穗状花序为中心桌饰或装置带来醒目的质感和动感。

木茼蒿（*Argyranthemum frutescens*）：这种多年生的小型灌木状植物在气候凉爽时盛开得最为灿烂。粉红色或白色的花瓣与黄绿色的花心相搭配，成为春季或秋季花束的流行色彩。

紫菀（*Aster*）：紫菀形似雏菊，属于多年生植物，约180种栽培品种，在颜色和大小方面提供了极其丰富的多样性。紫菀在夏末的时候会为花园带来一波新花潮。

山薄荷（*Pycnanthemum virginianum*）：这种山薄荷具有银绿色的小型叶子，外形颇为秀气，因此是点缀切花和填充花束的最佳枝叶类选择。同时，它们也有助于吸引传粉的蜂蝶飞来花园。

矢车菊（*Cyanus segetwm*）：又称"单身汉的纽扣"，这类喜庆的菊科植物原产于欧洲。最常见的矢车菊具有灰绿色茎株，上面长着深蓝色的花朵。

黑种草（*Nigella damascena*）：其枝叶状似茴香，如同细水雾一样将每一朵花包围在中间，因此又称为"雾中的爱"。常见的花色包括白色、蓝色、紫色和粉红色。

一枝黄花（*Solidago*）：一枝黄花常见于野外的草地上，其金灿灿的花头为夏末和初秋的新鲜切花花束带来饱满的黄色色调。

野胡萝卜（*Daucus carota*）：也被称为"安妮女王的蕾丝"，在夏日景观中最为常见。野胡萝卜的伞形花序一般由白色的小花构成，但是也不乏一些品种会开出引人注目的巧克力棕色花朵。

喇叭泽兰（*Eutrochium purpureum*）：纯正的喇叭泽兰最高可达7英尺（约2米），为花园提供了高株花材的选择。它们的紫色大花朵在夏末开放，并一直持续到初秋。

高粱（*Sorghum bicolor*）：高粱通常作为一种食用作物种植，但是因为犹如羽毛般的巨大高粱穗，它们也可以成为一种优美的观赏植物。高粱无论新鲜或干燥都可以使用，而且能够提供各种温暖朴实的色调。

多肉植物

  如果厌倦了切花插花，可以考虑利用活植制作小型植栽插花，譬如鲜艳的多肉植物和小型一年生植物。植栽插花能够实现新鲜切花花束的所有颜色和质感，而且生根后具有更长的寿命。多肉植物易于打理，非常适合用作活植插花，无须过多照料就能够提供丰富的视觉效果。

石莲花和景天属多肉的混合组合展示了多肉植物惊人的色彩和质感多样性。这款高对比度的多肉组合在一片深红黑紫的主色调中采用冷绿色为点缀，表现出生命的活力。

宝石色调的多肉植物

由于长期沐浴在阳光下，多肉植物呈现出最鲜艳的色彩：深红、暖橙还有亮粉。许多多肉植物组合起来，能够创造出宝石般的插花作品，下面只列举出一小部分品种。

石莲花：石莲花原产于中美洲和南美洲的半荒漠地带，宽厚的肉质叶片形成标志性的对称莲座。玫瑰色的"紫珍珠"（Perle von Niirnberg）和浅紫色的"晚霞"（Afterglow）都是不错的颜色选择，后者的叶子边缘呈靓粉色。

蓝豆（*Graptopetalum pachyphyllum*）：这种多年生的矮株多肉以群生形式为主。蓝绿色的莲座叶片上覆盖着黄色的尖瓣小花。在明亮的阳光照射下，银灰色的枝叶呈现出轻微的红色。

神须草（*Jovibarba hirta*）：神须草通常以"母鸡和小鸡"的方式生长。略带红色的"母鸡"主株利用脆弱易断的分株将"小鸡"高高举起，让它们滚落扎根。

唐印：俗称"桨叶植物""烙饼植物"或"沙漠白菜"，原产于南非，光照条件充足时，叶缘呈粉色。春天的时候，唐印圆形的桨叶中间会生出芬芳的黄色高穗花朵。

景天：这类多肉的植株矮小，许多品种具有丰富的色彩。圆扇八宝的叶片呈黄色、白色和淡蓝色。八千代也是一种色彩鲜艳的品种，具有粉红和奶白的珠状叶子。

永不凋谢的仿真花

虽然大多数插花讲究天然材料的新鲜，但是有些场合需要更为持久的陈设。如果没有新鲜的花草枝叶可用，或者说展示的环境很容易让它们枯萎，就可以考虑使用仿真和干制植物制品。为了获得完美的视觉效果，不妨试着将仿真植物与新鲜或干制的天然元素一起使用。

上图： 这款以秋叶、花朵和浆果制作而成的烛光桌饰极富观赏价值，而其中所有的植物装饰都是仿真制品。

对页图： 一系列充满朝气的绿色植株展示了现代仿真植物的丰富多样和优质做工。这组作品的仿制对象包括草、野胡萝卜、花楸、棣棠花和花毛茛等。

插花设计的五个核心概念

制作插花说到底是一种创造性的追求，会受到外界最新鲜的元素影响。但是，一些指导性原则能够帮助我们打造出结构合理的插花，满足展示季节、地点和场合的需求。

1. 一致性：挑选花材时，需要考虑插花的整体色调，选择颜色互补的植株，并保证色彩均匀分布，尤其是比较大的插花。季节性也是一致性需要考虑的因素。一枝黄花和堆心菊的鲜艳花朵与秋季的枝叶是天然的搭档，而温室月季就会显得非常不合时宜。

2. 重复性：选择色彩、质感和形状包含重复元素的花材，让它们在整个插花设计中不断出现。对于由多个小型插花组成的陈设而言，重复性是一个特别需要考虑的重要因素，例如一组装着小花束的迷你花瓶。重复出现元素有助于吸引视线，制造出富有凝聚力的作品。

3. 均衡性：为了实现作品的重量感和存在感，插花的主体可以选择中等重量的植株构成。（但日式花道这种特意简朴风设计除外，具体请参见第239页。）然后再选择比较高的直立植株和比较小的分散植物作为装饰。

4. 重点突出：虽然一致性、重复性和均衡性可以共同创造出具有凝聚力的插花，但是仍有必要展示富有影响力的植株。大型树枝、鲜艳的花朵或者轮廓显著的植物都应当在插花中充当焦点设计，突出关键的颜色和质感，创造出富有动感的陈设。

5. 摆放：如果是一组插花，摆放时应该将最高的放在后面，最矮的放在前面。这样不仅能够保证所有的插花都被看到，而且还可以利用较高的花材掩藏难看的植株。摆放还需要考虑插花的陈设位置。修长的树枝对于高顶的玄关入口而言是完美的装饰，但是如果放到桌子上就可能妨碍到人们的交谈。

以白色的牡丹为中心，采用多色调的花毛茛制作出一款令人惊艳的简约型插花。干制叶子随风舞动，充当天然背景，而重复的颜色和质感则实现了陈设的一致性。花毛茛的粉色和黄色色调在牡丹中再次得到体现，而它们的褶皱边也与卷曲的叶子相互呼应。

3

令人惊艳的花朵
八款插花作品示例

想要制作出真正别具一格的插花,需要同时具备几个要素:美丽的花材、精挑细选的花器、相辅相成的搭配以及显眼的场合。本章将为大家介绍八款特色插花作品,研究它们如何通过风格和样式的搭配组合实现设计的协同效应,同时还提供了详细的制作步骤,让您在家即可制作出同款插花设计。从花园婚礼的浪漫花艺装置到丰收节桌子上熟透了的果实和窸窣作响的草叶,每一款插花都讲述着一个故事。

叶与灯之彩

　　闪闪发光的灯串和活植层层缠绕，将简单的花彩转变成一款别出心裁的插花设计，照亮户外的夜晚。在逐渐收拢的暮色里，一串明亮的老式球形灯泡成为最完美的搭配，尤其是周围还混杂着各种保鲜蕨、气生植物、干葡萄藤和老旧的金属叶子装饰。在夏季和初秋时节，利用这款闪闪发光的插花设计能够轻松照亮门廊或门阶。（有关此花彩的更多图片，请参见第 210 页。）

所需材料：

- 有韧性的藤蔓，比如葡萄藤
- 花园剪
- 串球形灯泡
- 花艺铁丝
- 铁丝剪
- 金属叶花彩
- 保鲜枝叶，比如蕨类植物（甘油植物保鲜法见第 135 页）
- 气生植物

第 1 步：切割一段长度与灯串相仿的藤蔓，将其松散地缠绕在灯串上，并利用花艺铁丝将其固定在灯线上。其中部分卷须应自由下垂，以获得更为自然的外观。

第 2 步：将金属叶花彩与灯串和藤蔓缠绕到一起，并根据需要使用花艺铁丝固定。注意金属箍不要紧裹灯线或灯座。

第 3 步：根据需要使用铁丝或细绳在花彩上添加些许的保鲜枝叶。

第 4 步：在花彩绳股上添加一些气生植物，利用花艺铁丝固定。气生植物可以保留在花彩上，直到气温降至 50°F（约 10℃）以下，再用干制和仿真植物替换即可。

早春的盆花

盆花，顾名思义即"花盆与花"，是维多利亚时期非常流行的插花方式。切花与盆栽植物的结合可谓既美观又经济，因为萎蔫的植株可以用鲜花代替，让插花实现再生。

这款庆祝冬日结束的设计将盆花艺术带入现代。两株兰花种植在一个赤陶花瓮中，高雅的花朵与朴素的花器映衬互补，然后在周围添加发芽的杨树枝、蕨类植物和新鲜的切花。

所需材料：

- 带脚的赤陶花瓮
- 防水内衬（塑料花盆或薄膜）
- 盆栽文心兰
- 盆栽杓兰
- 花泥
- 浸泡花泥的容器
- 花园剪
- 鲜切杨树枝
- 鲜切文竹
- 鲜切大王秋海棠叶
- 鲜切铁线莲
- 鲜切香豌豆
- 鲜切花烛
- 鲜切蓝盆花
- 花艺水管

第 1 步： 在花瓮中加入防水内衬，塑料薄膜或尺寸相同的塑料花盆是最佳选择。

第 2 步： 将两种盆栽兰花连盆一起放入带有内衬的花瓮中。其中文心兰的花朵可以自花瓮一侧溢出，从而形成不对称的动态造型。

第 3 步： 花泥切割成合适的大小。找一个能够装下花泥的足够大的容器，并在容器中装入水。将花泥放入容器，让其逐渐浸入水中（不要人为下压），直到它变成深绿色并沉入吃水线以下。

第 4 步： 在兰花花盆周围塞入一些花泥，覆盖花瓮底部。这样可以起到固定花盆的作用，同时也能为鲜切植株提供支撑和水分。

第 5 步： 准备新鲜的切花。去除不够新鲜的花朵和叶子，使用锋利的花园剪将花株修剪成合适的大小，并确保所有的花株在插入花泥前都修剪一下底部，然后立即插入花泥中。

第 6 步： 开始将花株插入花泥中。从较大的杨树枝开始，将它们呈一定角度直立插入，与具有建筑美感的文心兰相对映。将文竹成簇置于插花底部附近，营造出蓬松拖尾的轮廓。

第 7 步： 继续添加新鲜的切花，将兰花花盆和花泥彻底遮挡。如果花株太过纤细，无法直接插入花泥，可以先将它插入单独的水管中。然后再将水管固定到盆栽植物周围的土壤中，以继续填充插花。

第 8 步： 适时补充水分，保证土壤和花泥的湿度，以延长插花的寿命。有需要的话，可以用新鲜花株替换枯萎花株。另外，除非准备拆除插花，否则要跟平时一样照料盆栽兰花。

枝繁叶茂的夏日花瓮

富有结构感的自然元素，再加上晶莹剔透的花朵映衬，这款惹人注目的花束在露天婚宴上以喜庆而不失雅致的格调，欢迎着客人们的到来。淡银色和粉红色营造出一片清新梦幻的色彩，让深绿色的树枝从中形成鲜明的对比。精致小巧的金属罐支撑着大捧的植物组合，突出它们张扬狂野的造型，打造出郁郁葱葱的夏末风情。

所需材料：

- 金属花罐或花瓶
- 防水内衬（塑料插层或薄膜）
- 花泥
- 浸泡花泥的容器
- 花园剪
- 金合欢
- 沙枣树枝
- 虎仗
- 蒲苇
- 粉色景天
- 银桦
- 大丽花
- 绣球
- 白高翠雀花

第 1 步：在花器里装入塑料插层或薄膜形成内衬。内衬不仅能够防止泄漏和生锈，而且能够避免金属受到水中酸碱度的影响。

第 2 步：切割出一块大小合适的花泥，并将其浸入装着水的容器中（不要人为下压），直到它变成深绿色并沉入吃水线以下。将花泥放入花器底部。

第 3 步：使用锋利的花园剪将花株修剪到满意的长度，并确保每枝花株在插入花泥前都要先修剪一下底部。去除不够新鲜的花朵和叶子，以及将会浸入花器水面以下的枝叶。

第 4 步：首先将较大的树枝（沙枣、金合欢和虎仗）直立固定在花泥中，确保它们以不同的角度插入，从而打造出休闲有机的造型。

第 5 步：开始往较大的树枝周围填充富有质感的绿植和花草，在金属花器上方打造出向外展开的扇形造型。留出大丽花、绣球和白高翠雀花的位置。

第 6 步：在花束中心附近添加成簇的大丽花、绣球和白高翠雀花，创造出色彩对比鲜明的焦点部分。

第 7 步：往花器中加入淡凉水。

鲜切花如何保持鲜艳

利用一些简单的技巧，可以延长切花的寿命。

所需材料：

- 使用冷水填充花器，并选择一个阴凉的地方摆放插花，避免阳光直射。
- 修剪花株底部，而且每两三天就要换一次水，以防细菌滋生。
- 使用花卉活力剂，里面含有为切花提供营养的糖和保持水质更新鲜的杀菌成分。购买分包包装的活力剂更方便，每次换水时倒入一包即可。（注意：有些花不宜使用任何类型的活力剂，而球根植物则需要特制的活力剂，因此要事先确定好花束中各类植株的需求。）

多肉苔玉桌饰

　　苔玉是从苔藓包裹的根球中生长出来的小型植栽，起源于 Nearai 和草景（Kusamono）的日式盆景风格。传统的 Nearai 是将植株栽种到一个小巧的花盆中，直到根系长满花盆；然后将根球从花盆中取出，并将整棵植株置于托盘展示。苔玉则是利用植物可以扎根的苔藓土球制造艺术效果。

　　这类苔藓艺术品远比传统的盆景更容易培养，最初是放在祭坛类的平台上展示。今天，这些小型插花作品被置于桌面上，作为生动的中心装饰，同样令人赏心悦目。

　　多肉植物生命力顽强，需水量少，因此是苔玉插花的理想材料。利用广口花瓶、蜡罐或小碗等物体作为花器，将小型多肉苔玉置于其中，打造出充满新意的中心花束替代品。

所需材料：

- 多肉植物
- 盆栽土（可选）
- 灰藓
- 花园剪
- 透明的钓鱼线或园艺麻绳
- 广口花瓶或小碗

第 1 步： 选择心仪的多肉植物。如果植物种植在土壤中，请将其从花盆或花坛中取出，留出足够的土壤，确保能完全覆盖植物的根部。用拇指摁压植物根部周围的土壤，形成一个球体。如果有需要，可以添加更多的土壤，创造出更大的栽培面积。

第 2 步： 切割出能够完全覆盖土球的灰藓，将其浸水后沥干。

第 3 步： 将植物根球置于灰藓中心，长满苔藓的一面背向土壤朝外。将根球用苔藓完全包裹，轻轻按压确保它们紧密贴合。

第 4 步： 开始用钓鱼线或麻绳缠绑苔藓球（想要纯苔藓表面可以选择钓鱼线，粗糙一点的风格则可以选择麻绳）。将绳线缠绕绑紧，记住这将有助于保持球体造型。缠绕完成后，将绳线两端系成结实的绳结。

第 5 步： 挑选一个花瓶或碗之类的容器，将完成的苔玉放入其中展示。

第 6 步： 通过掂量苔玉的重量来确定何时需要浇水。干燥的苔玉感觉非常轻。浇水时需将水装入一个碗中，然后将苔藓球浸入水中并观察气泡的情况。当球体表面不再有气泡冒出时，即说明完全浸透。此时轻轻挤出多余的水并放入水槽中沥干即可。

亮眼的夏季中心桌饰

这款多瓶桌饰专为夏末丰收的庆祝晚宴而作，充分体现出夏季的多姿多彩。设计受到一些最引人注目的夏季花草启发，采用深色系植物，将深紫、暖粉和日落橙融合到一起，同时以色调柔和的草叶为衬托，暗示秋天即将来临。从花园采摘新鲜的草叶，直接铺在桌面上，创作出自然跑道，再将一系列小巧的花瓶和色彩绚丽的花束置于其中，营造出苍翠繁茂、层次丰富的外观。

所需材料：

- 花园剪
- 新鲜的观赏草
- 多个小花瓶
- 多个常规尺寸的花瓶
- 蔷薇果
- 黄栌
- 观赏石
- 大丽花
- 向日葵
- 粉松果菊
- 青姬木
- 野胡萝卜花
- 栎叶绣球

第 1 步：利用花园剪采集各种类型的观赏草，沿着桌子中心直接摆放在桌布上，制作出具有质感的"跑道"。

第 2 步：挑选自己喜欢的小花瓶和常规尺寸的花瓶，根据桌子大小确定花瓶的数量。为了插花的外观统一，请确保所选花瓶的颜色互补，材料一致，即都是陶器、都是玻璃或者都是银制材料。

第 3 步：使用蔷薇果和黄栌枝等较小的植株制作出适合小花瓶大小的花束。修剪每枝植株的底部，去除不够新鲜的花朵和叶子，以及将会浸入水下的枝叶。在小花瓶中装入淡凉水，并将小花束插入其中。

第 4 步：在常规花瓶的底部铺上一层观赏石，然后加入淡凉水。

第 5 步：以大丽花、向日葵和松果菊为焦点，制作适合常规花瓶大小的花束（按照第 3 步进行花材处理）。添加蓬松的观赏草提升设计高度，添加青姬木为各个花束周边增添垂褶轮廓。每枝植株在插入前都要修剪一下底部。

第 6 步：将花瓶分散开来，沿着桌子摆放在草叶形成的跑道之中。（关于延长插花寿命的内容，请参见第 216 页。）

森系婚庆拱门

这款为波科诺山区森林婚礼搭建的布景装置以木制凉亭为基底，充满野生气息，与夏末枝繁叶茂的周围景致相映生辉。苍翠茂盛的枝叶使得装置完美地融入环境之中，而各种神奇的花朵又将它与四周的景致区分开来，为婚礼仪式提供了空间。

大片未修剪的沙枣、桉树和金银花为波西米亚风格奠定了基础，此外还有富有质感的虎仗和香艳的花卉组合作为点缀，包括圆锥绣球、花园月季、落新妇、景天和马利筋。

所需材料：

- 花泥
- 浸泡花泥的容器
- 扎线带
- 乙烯基涂层的铁丝网
- 花园剪
- 沙枣枝
- 金银花藤
- 桉树
- 花艺铁丝
- 铁丝剪
- 落新妇
- 景天
- 马利筋
- 虎仗
- 圆锥绣球
- 花园月季

第1步：找一个大到足以盛入整块花泥的容器，并在其中加入水。将花泥放入容器，让其逐渐浸入水中（不要人为下压），直到花泥变成深绿色并沉入吃水线以下。

第2步：在支撑结构上寻找稳固部位，利用扎带将几块提前浸泡好的花泥固定在横梁上，为添加更为娇嫩的花朵提供水分和基底。

第3步：使用铁丝网在花泥四周的横梁上制作一个笼子，支撑更大的枝干，允许它们从任何角度塞入。

第4步：使用锋利的花园剪将结实的大枝干（沙枣、金银花和桉树）修剪成合适的大小，然后开始将它们塞进铁丝网笼中。将每根树枝的底部置于笼子中心附近，树枝向外散开，形成不对称的形状，既富有动感又惹人注目。根据需要，使用花艺铁丝将它们固定在笼子上以获得额外的支撑。

第5步：大枝条固定好后，开始剪切并添加更为娇嫩的新鲜切花（落新妇、景天、马利筋和虎仗）以完成插花装置的造型。将植株固定在铁丝笼中心的花泥里，需要的话，可以使用花艺铁丝进行支撑和造型。

第6步：将最大的花（圆锥绣球和花园月季）成簇放置在插花中心附近，制作出色彩丰富的视觉焦点，花株插入花泥即可。虽然这款插花属于临时装置，但是我们可以根据需要使用喷壶或软管为花泥和新鲜的切花提供水分，延长植物的寿命。

丰收的草甸

从花园和草地采集新鲜的植株，填充宽阔的长槽，制作出优雅的秋季晚餐桌饰。主景植物，包括具有建筑美感的柳叶马鞭草和一簇簇泛着光泽的商陆果，展现了丰富的秋季自然资源。色彩鲜艳的彩叶草和一枝黄花进一步突出了秋季枝叶的多姿多彩，它们明亮的色调与冷蓝色的北非雪松形成鲜明对比。新鲜植物组成的大型插花装置中还零散分布着风化做旧的铁蕨叶，它们纯朴粗糙的质感同样与蓊郁的草木形成对比。

所需材料：

- 镀锌金属槽
- 防水内衬（塑料插层或薄膜）
- 花泥
- 浸泡花泥的容器
- 花园剪
- 蓝北非雪松
- 一枝黄花
- 彩叶草
- 木槿
- 柳叶马鞭草
- 蒺藜
- 蒿
- 鸡冠花
- 蜡菊
- 垂序商陆
- 草
- 做旧的铁蕨叶

第 1 步： 寻找长度足以跨越桌子的长槽，也可以根据需要将多个花槽排列成行。如果使用多个花槽组合，插花时请将它们视为整体的大型容器。

第 2 步： 为花槽衬上塑料插层或薄膜，以免水泄漏到桌面上，同时也有助于防止金属受到水中酸碱度的影响。

第 3 步： 将几块花泥放入容器中浸泡，让其逐渐浸入水中（不要人为下压），直到花泥变成深绿色并沉入吃水线以下。将花泥一块挨一块地放入花槽中，覆盖花槽全长。

第 4 步： 准备新鲜的切花。去除不新鲜的花朵和叶子，利用锋利的花园剪将植株修剪到合适的尺寸，并确保每枝花株在插入花泥前都先将底部修剪一下。

第 5 步： 按照由大到小的顺序将植株依次插入花泥之中。首先从最大的植物开始，以创作插花焦点。插花过程中，注意思考如何突出各个元素的自然形态，因为客人很可能会近距离观赏插花。例如，让高高的羽毛状草立于花槽中心，或者让一束束垂序商陆果垂悬在花槽两侧。

第 6 步： 对花槽的整体效果进行审视，确保所有花泥都被植株覆盖，并且没有明显的间隙存在。如果需要，可以添加额外的新鲜切花。

第 7 步： 将铁制蕨叶作为点缀塞入插花各处。定期向花槽中加水以保持花泥湿润，延长插花寿命。根据需要使用新鲜植株替换萎蔫的切花。

不可思议的兰花植栽

在 17、18 世纪，不可思议的花束作为一种趋势在荷兰画坛广泛流行。这种虚幻的静物主题只能存在于画布上，因为它所含有的花朵永远无法同时绽放。但是今天，我们几乎随时都能采购到想要的切花，让曾经虚幻的花束也有了实现的可能。然而，"不可思议"的插花概念存在于不可能的植栽组合，就像这盆葱茏苍翠用于临时展示的绿植。插花的无常性使得它的美丽更加引人注目，是冬末家庭庆典的完美装饰。

高对比度的丽堇兰是这款不可思议的插花核心。堇兰的外观与典型的春花类似，是冬日里展望春季的完美选择。娇气的兰花不适合长期与喜热的多肉植物一起栽种，但是我们可以巧施妙计帮助这种短期植栽茁壮成长。

所需材料：

- 大浅碗花盆
- 盆栽丽堇兰
- 盆栽茉莉
- 盆栽锦晃星 "奉献"（Devotion）
- 盆栽旭鹤 "夏日欢庆"（*Echeveria gibbiflora* 'Summer Joy'）
- 新鲜的丛生苔藓或灰藓

第 1 步： 将植物放入大浅碗中，保留它们的原生塑料花盆。将兰花置于浅碗中心，然后将茉莉和多肉分散置于其周围。如果将植物各自连盆一起植入，在拆分时会更加方便。

第 2 步： 植物放置完成后，用苔藓填充各盆之间的空隙。继续添加苔藓，直到所有的花盆都被隐藏，围绕各盆植物的基部填充。

第 3 步： 经过一段时日的展示后，去除苔藓，将每株植物放入单独的容器中养护。

4

设计创意
高级插花设计展示

　　英国皇家花艺师康斯坦斯·斯普莱（Constance Spry）对插花艺术有着独到的个人见解，她宣称："随心所欲，跟着自己的感觉走。想原创就原创，不想原创就不原创。只要自然、快乐、轻松、美观、简单、繁茂、大众、巴洛克、基本、简朴、具有艺术效果、狂野、大胆和保守，还有就是学习、学习再学习，敞开心扉接受各种美。"

　　斯普莱的建议完美掌握了放飞想象力的插花精髓，也是本章接下来一系列的设计创意依据，从植根于水下的简单细长枝条到景天活植形成的绚丽桌饰，每款设计都具有开放性，让您可以使用最爱的花朵创作。

玻璃根景

将植物根系置于透明的玻璃容器中展示，制作出令人惊艳的景观装饰。不断生长的植物根系漂浮在清澈的水中形成微型雕塑艺术品，优雅而富有新意。

这种极简主义的培养风格兴起可以追溯到北欧，尤其是瑞典。那里的种植者们尝试使用营养丰富的水来替换土壤，结果发现这种方法比传统的根植更加节省空间，而且尤为多产。

不需要耗费太多力气就能轻松地在玻璃容器中扎根的植物种类有很多。譬如薄荷、罗勒、迷迭香、鼠尾草等家居香草，天竺葵、白鹤芋、喜林芋和常春藤等常见的植物以及小树或树苗都是不错的选择。而在选择容器时，则要寻找透明的玻璃容器，有能够支撑植物茎株的细颈和允许植物根系生长的球状底部。如果是较大的枝条，还要注意容器的重量应足以支撑植株以免发生侧翻。

如何制作植物玻璃根景

创作根系景观只需要一个透明的容器、一棵鲜切植株和一些水。

1. 在花瓶中倒入矿泉水或井水。不要使用自来水，因为它缺乏营养。

2. 从叶子下方切割需要的茎株，那里具有活跃的生根激素物质。

3. 将鲜切植株放入花瓶中，等待生根的迹象（大约需要两周时间）。确保及时补充水，保持根部完全浸入水中；如果容器里的水开始变得混浊，则需要重新换上淡水。

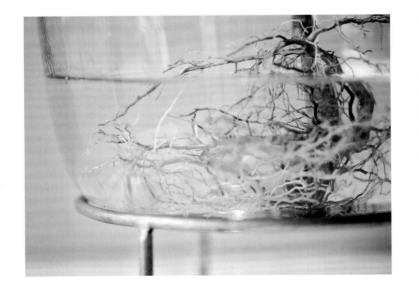

新视角（左图）：这些醒目的陈设可以制作成各种规格，以满足不同的空间需求。既可以尝试在一个大容器中放入一个尺寸相当的植株，也可以在高高的小花架上摆放几个微型根系景观组合。

冬之光（对页图）：在冬去春来的过渡时节里，生长的迹象最为宝贵，而明亮的玻璃和新鲜的绿植所形成的组合此时也尤为引人注目。

生机勃勃的多肉桌饰

在炎热的夏日时光里，我们不妨另辟蹊径，使用其他材料代替传统的鲜切花来制作桌面插花。多肉植栽就不失为一种灵活易于打理的小型植栽景观选择，它们具有丰富的色彩和质感，而且还不需要额外添加花朵。（有关植栽型插花的两种多肉种植方法，可参见第 234~236 页。）

长槽（对页图）：低调的矮槽为多肉桌饰提供了完美的展示场所，它们具有大量的空间，能够摆放多种色彩斑斓的植物。在温暖的季节里，这些多肉桌饰可以放到庭院的桌子上，而需要时又可以搬回室内展示。

浅碗（上图）：种植在浅碗中的多肉花园是现代时尚的桌饰选择。这些茂密的插花陈设规格小巧，非常适合在桌面空间不足的情况下使用。而粗碗这类的低调造型也不会妨碍人们的谈话交流。

多肉的繁殖

多肉植物的繁殖非常容易操作，我们完全可以自己培养用于植栽型插花的多肉，而且只需要短短几周就能获得新鲜的心仪植物。

第一阶段：收集植材

要想开始繁殖多肉，首先应收集自己想要种植的多肉植材，可以通过分生或吸芽来完成。

分生： 分生技术是利用分离部分来培养新生植株，在石莲花或风车莲等莲座造型的多肉植物发生徒长情况时非常适合使用。首先，小心去除植株莲座下方的所有叶子，注意去除时将叶子轻轻地向两侧扭转，保持叶子基部的完整。待所有叶子都去除后，再使用剪刀剪下莲座，连带着一小段茎。将分离部分（叶子和莲座）放在空托盘里晾干几天，直到切口处变硬结疤。

吸芽： 许多种类的多肉植物会生成吸芽，或在母株基部生出小株，比如芦荟或长生草。吸芽生长至两到三周时，就可检查根部发育情况，并用锋利的刀或剪刀将吸芽从主株切除。注意不要损坏任何已经生出的根部。吸芽切除后，将其晾干，使切口部分结疤。（切除吸芽的好处是可以改善当前多肉植物的健康状况，集中能量以供主植株的生长。）

分生（左图）：一棵幼小的多肉新株从"母"叶基部生长出来。随着新株根系的生成，叶片将逐渐枯萎，并将在新植株种植前被去除。

水中生根（对页图）：让多肉植物在充满水的玻璃容器中生根，制作出不寻常的植物景观。根据需要加水，让根部始终浸于水中，并定期更换淡水。

第二阶段：生根

分生部分或吸芽结疤后，可以通过两种方法让它们生根。一是在水中生根：将它们置于一杯水的杯沿上，使植株末端或现有的根须刚好位于水面之上；将杯子放到光照充足的地方，植株的根则会随着时间不断生长，并且伸入水中（见前页图）；等到植物根系形成后，新生的多肉植物既可以在根系浸没于水中的情况下继续存活，也可以移植到土壤中。

另一种繁殖新株的方法是让其在石头中扎根，只需要一盘砾石和一些水，再加上一点耐心。具体操作步骤如下。

第1步： 在托盘中装上砾石或栽培石等排水介质。

第2步： 在石头上浇水，直到盘底被覆盖，促进多肉植物的根朝着水中延伸。

第3步： 将分生部分和叶子插入石头中，尽量插深一些，以保持固定，但不要让它们接触到水。

第4步： 将托盘置于直射的日光下，观察新根的生长情况（新根大概在栽种后 4~6 周内生出），如果有需要请及时加水。分生部分生成新根后，即可移植到土壤中。

在土壤中生根： 如图所示，托盘里种植着各种具有宝石色调的多肉植物，包括莲花掌（左上）、石莲花（中间）和唐印（右下）。

日式花道

  日式花道"ikebana"推崇克制简洁，最早可以追溯到一千多年以前，以此为灵感创作的插花作品优雅大气，是欣赏和表现神奇植物的理想方式。ikebana 一词的意思是"生花"，具体实践又被称为 kadō，即"花道"。花道起源于 7 世纪的供花，发展至今已经衍生出一千多个设计流派。15 世纪的日本画家相阿弥（Sōami）曾提出，花道应该体现"天""地""人"三大要素。他的话成为插花术的指导准则，放至今天依然适用。

  相阿弥高深的要素理念是理解花道的关键。花道并不仅仅是一种装饰艺术，还是一种冥想、自律和精神实践。草月流的创始人勒使河原苍风（Sōfu Teshigahara）说过："花道中的花蕴含着丰富的人生意义。"许多插花作品围绕三种焦点植物展开，展现插花人对相阿弥三要素概念的领悟。对于许多插花者而言，花道的精神要素等同其美学要义。他们默默地插着花，在插花过程中完成对美的反思和欣赏。

  负空间对插花术来说非常重要。为了突出特殊的构造和微妙的细节，插花者不惜舍弃茂盛的花朵。从这款冬季枝条和花朵的集合就可以看出，花道还注重强调不同的长度和层次，让其中的植株既可以独立成景，也可以联合其他花材共同观赏。此外，不同的元素还提供了对比和冥想点，比如将新鲜和干制植株以及阔叶和细草并置展示。

此款冬季花道作品以弯曲的木兰枝为中心，展现了新鲜的秋海棠、花毛茛和仙客来以及干制的蕨类植物和芒草。碗内放有剑山提供支撑，让每棵植株能够按照自身的生长方式倾斜，创造出天然的动感。这种休闲类插花能够比花束维持更长的时间，而且褪色的植株可以轻松拔出或替换。

小型观叶桌饰

如果想要取代比较传统的中心桌饰，可以收集各种各样枝叶独特的小型盆栽植物来装饰桌面。娇嫩多叶的绿植和错综复杂的莲座状多肉植物都是这类家居插花的理想选择。它们丰富的质感和小巧的形状吸引着聚集在桌前的人们细细观赏。这类设计的关键在于各个植栽迷人的大小，其中每盆都应小到足以置于掌心把玩。

鳞叶菊（上图）：枝条纤细的鳞叶菊属于美头菊属植物，具有银绿色的叶子，在深色的石头背景映衬下形成令人印象深刻的桌面装饰。

石莲花（左图）：莲座造型的石莲花开满盆，让小型盆栽插花为桌子带来丰富的质感。

匍茎通泉草：匍茎通泉草（*Mazus reptans*）属于小型草木植物，秀丽的叶子和淡紫色的花朵让其充满了视觉趣味性。小粒鹅卵石铺面形成干净的背景，突显每片小叶子的细节之美。

草景（Kusamono）植栽

日本园艺的历史悠久丰富，为高级花束或植栽插花设计提供了充足的灵感来源。说起在容器中栽培小型树木的盆景艺术，恐怕随便一个园艺工作者都不会感到陌生。经典盆景利用单独一棵树作为造景展示，悉心养护，让它们的株型维持数十年甚至数百年不变。另一种植栽样式草景"Kusamono"，与盆景艺术一起发展而来，旨在展现更为广泛的植物材料。这些小型盆栽插花由日常植物组成，包括野草野花和一堆堆茂盛的苔藓。草景最初作为陪衬和盆景一起展示，但是它们本身也非常耀眼，能够捕捉特定季节或自然栖息地的微妙细节。Kusamono直译为"草的东西"，表明了这类盆栽陈设中所含植物的平凡属性。

如果想要巧妙地运用两种植栽方式，实现别出心裁的设计，不妨试试将优美耐看的苗木与草景风格的林下栽植相搭配。这里展示的插花将草景不起眼的草丛和单独一棵小树的传统盆景结合到一起。虽然传统盆景需要长年累月的悉心照料，但是这款插花却利用幼树以最低的成本获得相同的外观效果。等到树木大到容器盛不下时，则可以将其迁出户外，进行永久定植。

为此类植栽景观挑选合适的树材时，注意选择轮廓独特的树木，比如图中这种具有漂亮花边叶子的不对称的鸡爪槭。深色背景搭配简单的容器让优美的植物成为醒目的点睛单品。（关于特色微型常青树指南请参见第319页。）

景天活植桌饰

　　作为装饰和园艺作品里独特的多功能存在，景天植被毯最初用于屋顶绿化。它们具有极其优秀的耐寒性和密度，也可以改造成为创意插花材料。每张植被毯均采用轻质保水的椰子纤维基底，并在其中密集植入各类景天植物制成。植被毯的基底让其能够轻松切割成各种形状，配合植物墙、吊篮、岩石花园、窗台，甚至桌面使用。景天的栽种不受方向限制，可以朝上种植，也可以侧向种植，甚至朝下倒种都没关系！虽然景天最适合在阳光充足的条件下生长，但是由各类景天属植物组成的植被毯能够接受各种光照水平，只要确保不会干透即可。这款显眼的桌饰是在特殊场合使用的最佳选择。因为其中的景天不能干透，所以晚餐后需要将植被毯放回到可以浇水的地方。

丛林绿植（左图）：除了常见的屋顶绿化以外，景天还可以充当居家桌布（景天下面可以铺上一次性塑料布来保护桌子）。

童话王国（对页图）：以生长的珍珠菜、马蹄金、鹿角蕨、矾根和兜兰作为中心装饰，让整片林地花园在景天属植物中扎根。各种形状奇特的超大号木制蘑菇、鲜艳绚丽的保鲜石蕊餐垫，以及环保木制充电器共同组成了梦幻般的森林场景。

空中花槽

　　悬空花朵是中心装饰和装置之间一次创意的碰撞，它们取代了传统的欢庆桌饰，非常适合在大型建筑空间内使用。这些梦幻般的陈设形成遮蔽性的华盖设计，有益于促进桌子上的亲密氛围，而精致的点缀细节同样也能让在座的人赏心悦目。安装这些颇有重量的创意设计时，请务必选择牢固的悬挂装置，如图中所示的牧羊钢钩，还有加固的天花板固定结构。

柑橘园： 这款初夏的插花陈设受西海岸启发，由金柑点缀的枝条编织而成。星星点点的果实为色调柔和、质感丰富的植物华盖增添了鲜艳的色彩。

空中花园： 大花四照花、胡颓子、杞柳和常春藤的枝条层层相叠，形成自然随性的草甸，混合了多种色调，包括绿色、白色、奶油色和杏色。除了金柑，绣线菊、鹦鹉郁金香、野胡萝卜花、花园月季和牡丹等各色花朵也形成较小的视觉焦点。

花灯

　　作为别出心裁的花瓶和玻璃箱替代品，灯笼非常适合作为插花器具使用，尤其是挂在门阶或摆放在庭院桌子上时。它们的装饰造型为花卉或小型植栽增添了一个结构化框架，而大玻璃窗则提供了 360° 的内部观赏视角。为了做到名副其实，这些灯笼插花还可以扩展添加灯光元素。

夜晚的灯光（左图）：金属花卉与寻获的树枝和苔藓缠绕在一起装入灯笼里，成排排列在路旁，迎接人们的到来。这些简单而持久的插花并没有忘记灯笼原本的用途，每盏灯笼的圆顶下都安装着灯，散发出柔和的光辉。

秋日的浆果（对页图）：一盏简简单单的灯笼在宽敞的玻璃窗内营造出栩栩如生的深秋林景。成堆的苔藓堆成窝，支撑着小长生草和美洲南蛇藤（*Celastrus scandens*）细枝。苔藓起到垫高和固定其他植株的作用，为灯笼里的插花提供了天然基底。定期喷雾能让苔藓和多肉基底长时间保持新鲜，随着季节的变化接受新的植物更换。

5

季节明星
四季插花

　　首个现代化温室出现于16世纪的欧洲，用来培养那个时代人们不远万里带回来的热带植物。荷兰的农民很快就发现这些玻璃化建筑在切花生产方面的巨大潜力。即使屋外寒风呼啸，温室里也能盛开春天的花朵。花卉全年培养的悠久历史促进了现代插花的发展，即使在1月最寒冷的日子里，我们也几乎可以找到任何想要的花材。温室的植物无疑为沉闷的冬日带来一抹亮色，但是我们最喜欢的仍然是那些能够反映季节魅力的当季材料，比如缀满花苞的春天树枝，还有色彩丰富的秋天传家宝南瓜。

春枝插花

在日本，"hanami"（赏花）一词描述了春季人们庆祝树木短暂花期的传统活动。该习俗可以追溯到一千多年前，当时被称为"ume"的梅花吸引着成群观赏者的到来。今天，樱花最受人们的喜爱。现代赏花活动包括野餐和派对。人们会使用开花时间预测来确定树木开花的高峰期，精心策划赏花聚会。

随着冬去春归，我们可以将这些开花树木的枝条以及相应的叶子带入家中，让花朵提前绽放（具体操作请参见第 254 页）。缀满花朵的枝条既优雅又不缺建筑美感，为亮眼的插花奠定了基础，让人联想到最绚丽的春日花园。

正如传统花束会表明我们的个人插花风格一样，树枝的选择同样如此。它们引人注目的大小总是令人难以忽视，而各种各样的花朵、柔荑花序和叶子也提供了无穷无尽的新奇感。造型优美的鸡爪槭树枝刚刚伸开它的三叉戟叶；紫玉兰的枝干掩映在胭脂红的花瓣下；观赏榆树上冒出苹果绿的嫩芽；还有一把点缀着柳絮的柳枝，所有这一切无不预示着户外即将到来的季节。关于我们最爱的部分枝条请参见第 256~261 页。

开满肉粉色花朵的皱皮木瓜（*Chaenomeles speciosa* 'Geisha Girl'）枝条在庄重的花瓮上呈扇形散开，底部搭配蔓生的千叶吊兰和薜荔。庄严的花瓮和干净的白色壁炉架与树枝和藤蔓放荡不羁的轮廓形成鲜明对比。

催开春枝

"催开"是一种诱使树枝提早开花或生叶的方法，即使户外依然是寒冬也无妨。许多春天开花的树木和灌木会在秋天形成花蕾，如果准备得当，经过至少两个月40°F（约4℃）以下的低温天气后，它们就可以人工催开。在寒冷的年份里，大多数地区的切枝时间不应早于1月1日，而在格外暖和的年份里，则不应早于1月15日。

第1步：如果正逢树枝修剪期，可以从砍掉的枝干中选择催开的枝条。如果是特意为了催开而剪枝，请寻找花蕾或叶芽丰富的枝条。通常嫩一些的树枝上拥有数量最多的花蕾。花蕾圆润厚实，而叶芽比较小也比较尖。

花蕾　　　　　　　　　　叶芽

第2步：在零度以上的暖和天气里，小心剪切树枝。利用锋利的剪刀或修枝剪，在花蕾或侧枝附近干净利落地斜剪一刀，得到至少1英尺长（约0.3米）的树枝。修剪时要注意保持树木的整体造型。

第3步：将树枝带入室内，并将它们的末端立即浸入一桶水中，接下来的几天时间内都要经常给它们喷水。这有助于枝条和花蕾吸收水分，从休眠中复苏。

第4步：充分浸水后，使用修枝剪将每根树枝底部往上6英寸（约15厘米）以内的所有分枝和花蕾或叶芽全部去除，因为浸泡在水下的幼枝会

腐烂。再次修剪树枝末端（这对水分吸收非常关键）。使用剪刀在每根树枝的底部剪上几道，形成十字或星形图案。

第5步：选择颇具重量的容器，确保在盛放大树枝时不会侧翻（容器内水的重量也要考虑在内）。轮廓窄小的高花瓶能够保持树枝耸立，有助于打造优美的插花造型。

第6步：将树枝插入水中，并将它们放置在凉爽的地方［60~65°F（15~18℃）］，同时提供明亮的间接光照。根据需要添水，并经常为树枝喷洒水雾，直到它们开始显露颜色。整个过程模仿春天的天气，准备花蕾的绽放，可能需要1~5周的时间。避免将枝条放置在温暖、低湿和直射光照的环境中，这些因素将导致树枝无法正常开花或发叶。

第7步：一旦花蕾或叶芽显露颜色准备绽放，我们就可以进行插花创作了。为了获得最佳的瓶插寿命，请将树枝放置在明亮的间接光照条件下展示，同时继续喷洒水雾并定期换水，而且在每次换水时注意添加花卉活力剂。晚上的时候，将插花放置到凉爽的地方（40~60°F）同样有助于延长瓶插寿命。如果树枝没有开花或发叶，可能是因为切枝过早的原因，不妨几个星期后再试一次。

几根粗糙的紫玉兰树枝插在匈牙利风格的老式玻璃罐里，树枝上的花朵刚刚开始绽放。
笨重的玻璃罐为高耸的树枝提供充足的支撑，让它们能够保持直立，同时内部还有大量
的淡水容纳空间。

常见的观花 / 叶树枝

　　从季节过渡时期的自然景观中汲取灵感，利用形状各异的花枝进行正式的插花创作，给人以耳目一新的感觉。紫玉兰、胡桃树、樱桃树和枫树等常见树木的枝条将作为早春陈设中心而获得新生。

　　观叶树枝可以像观花树枝一样催开，展露娇嫩的绿叶（见254页），将春天带入室内。我们喜欢的树枝几乎都可以催生花叶。为了获得最茂盛的枝叶，需要仔细观察叶芽的情况。如果树枝上长有许多尖尖的小芽，则有极大的概率产生茂密的枝叶。选择观叶类树枝时，注意挑选形状和生长模式具有特色的枝条。黑胡桃光秃秃的树枝上凌乱地分布着一簇簇嫩芽，新春的第一片树叶即将从中冒出，鸡爪槭绽放的花蕾则勾勒出带有褶皱的花朵轮廓。

北美木兰
（ *Magnolia* ）

沙樱桃
（ *Prunus pumila* ）

鸡爪槭
（ *Acer palmatum* ）

黑胡桃
（ *Juglans nigra* ）

各月常见的观花树枝

树枝	催开时间	说明
1 月		
欧亚山茱萸（*Cornus mas*）	2 周	黄色花朵
美国金钟连翘（*Forsythia × intermedia*）	1~3 周	黄色花朵
杨（*Populus*）	2 周	柔软下垂的柔荑花序
柳（*Salix*）	2 周	柔荑花序
金缕梅（*Hamamelis mollis*）	1 周	黄色花朵
2 月		
桤木（*Alnus*）	1~3 周	柔荑花序
李（*Prunus*）	2~4 周	白色和粉色花朵
猫柳（*Salix discolor*）	1~2 周	众所周知的茸毛状柔荑花序
皱皮木瓜（*Chaenomeles speciosa*）	4 周	花朵由红色变成橙色
红花槭（*Acer rubrum*）	2 周	叶落后，花朵由红色变成粉色
杜鹃	4~6 周	月末开花，花色多样
垂枝桦（*Betula pendula*）	2~4 周	持续时间很长的柔荑花序
3 月		
苹果（*Malus*）和森林苹果（*Malus sylvestris*）	2~4 周	白色、粉色或红色花朵
山楂（*Crataegus*）	4~5 周	白色、粉色或红色花朵
忍冬（*Lonicera*）	2~3 周	花朵由白色转变成粉色
欧丁香（*Syringa vulgaris*）	4~5 周	花朵颜色多样
欧洲山梅花（*Philadelphus coronarius*）	4~5 周	白色花朵
栎（*Quercus*）	2~3 周	柔荑花序
绣线菊	4 周	白色花朵

春金缕梅（*Hamamelis vernalis* 'Amethyst'）：旧貌换新颜，盛开红紫色花朵的春金缕梅枝。
秋天的春金缕梅树枝同样引人注目，它们橙红和红色的叶子正是观赏的好时候。

小众观花树枝

除了常见的花朵（参见第 256 页）外，还有无数棵树木在春天到来之际绽放鲜艳的花朵。如果想要寻找独特的轮廓，可以留意一些罕见的植物，比如吊钟花的钟形花朵，或是优美下垂几乎每一寸都缀有淡粉色花朵的垂樱树枝。这些令人惊艳的细微之美启迪着整个季节的创意插花制作，展现变化无穷的大自然魅力。

南欧紫荆
（ *Cercis siliquastrum* L ）

布纹吊钟花
（ *Enkianthus campanulatus* ）

狭叶山胡椒
（ *Lindera angustifolia* ）

银刷树
（ *Fothergilla gardenii* ）

东部樱
（ *Prunus pendula* 'Pendula Rosea' ）

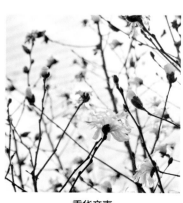

重华辛夷
（ *Magnolia stellata* ）

小众叶子 / 柔荑花序

虽然观花树枝可以贡献最为显眼的枝条，但是提前催开具有独特叶子和花序的其他树木和灌木也能为冬季带来意想不到的趣味。如果想要明亮耀眼表现春天色调的叶子，可以留意一下较为少见的树木，比如杞柳或黄色的鸡爪槭。

如果需要较为独特的质感和轮廓，则可以考虑一下柔荑花序。有些树木不会绽放传统意义的花朵，只会生成没有花瓣的簇状花序，产生毛茸茸的独特质感。事实上，"柔荑花序"的英文名称"catkin"来源于古荷兰语的"小猫"，因为它们像极了小猫的尾巴。猫柳一团团灰白色的柳絮应属最常见的柔荑花序，但是下面这些不常见的植物也有着各种形状的叶子或柔荑花序。

条纹槭
（ *Acer pensylvanicum* ）

细柱柳
（ *Salix gracilistyla* 'Melanostachys' ）

曲枝欧榛
（ *Corylus avellana* 'Contorta' ）

彩叶杞柳
（ *Salix integra* 'Hakuro Nishiki' ）

鸡爪槭
（ *Acer palmatum* ）

中国旌节花
（ *Stachyurus chinensis* ）

麻栎（*Quercus acutissima*）：麻栎能够产生黄绿色的柔荑花序，而它的叶子更是冬季催开植物的
热门选择。麻栎的英文名直译为锯齿栎，顾名思义，其叶光亮，带有锯齿状边缘。

球根插花

　　正如提前催开的树枝一样，春季开花的球根植物也可以作为花园苏醒的先兆。当花园里的大部分植物还在冬眠时，它们已经开始逐渐崭露稚嫩的头角。虽然花期短暂，但它们丰富的色彩能够装点成长的季节。成束的切花展示出球根植物鲜艳的花朵，而盆器植栽则突出它们带有纸质外皮的基底和漂亮的叶子。最好的球根插花通过一种植物就能为室内带来一抹初春的风景，利用新鲜绽放的花朵形成惹人注目的组合，将新春迎进家门。

　　自己种植球根植物需要做好详细的规划。许多春季开花的球根植物必须秋季栽种，并在土壤里过冬。如果怕麻烦，还可以从苗圃购买，大多数苗圃在复活节左右都会提供已经发芽的球根，挑选时记得寻找刚刚发芽比较小一点的植物，从而使自己的春季插花维持更长时间。

对于球根插花来说，支撑结构非常重要，因为球根植物的花朵盛开时，植株会变得上重下轻。本图中，发芽的紫玉兰枝形成巢穴，为一片茂盛的葡萄风信子提供支撑。单独的小树枝也可以作为天然木桩，供郁金香和鸢尾等大花使用。

春季开花的球根植物

春季开花的球根植物，比如以下几个典型的品种，在制作室内插花时可能不够稳定，持续的时间也可能较为短暂。为了延长它们的花期，我们可以模仿早春的气候，为它们提供一个阴凉干燥的环境，同时还要避免直射的日光。

葡萄风信子"维纳斯"：与传统葡萄风信子不同，葡萄风信子"维纳斯"具有独特的纯白色穗状花朵。

郁金香"黑鹦鹉"：这种褶边郁金香具有饱和的勃艮第色调，在百媚千红的春花映衬下格外醒目。

阿尔泰贝母：因为低垂的花朵而得名，花瓣带有斑点，能够很好地为插花增添图案。

郁金香"珍妮女士"：这款不寻常的郁金香花朵具有红白相间的条纹和尖形轮廓，花期较长。

雪片莲：春天最早开花的球根植物之一，深绿色的叶子又长又尖，顶端生长着奶白色的钟形花朵。

花葱"珠穆朗玛峰"（Mount Everest）：这种具有芳香气味的球根植物较为耐寒，可以高达 3 英尺（约 0.9 米）以上，春末盛开，一朵朵白色小花组成圆形大花头。

水仙"头碰头"（Tête-à-Tête）：最受欢迎的微型水仙花，鲜艳的黄色花朵体现出经典的春天造型。

花葱（Allium christophii）：1~2 英尺（0.3~0.6 米）高的坚韧植株支撑着这种花葱具有独特金属质感的花朵。

水仙"杏惠尔"（Apricot Whirl）：对于喜爱水仙的人来说，"杏惠尔"是较为新奇的选择，肉粉色和白色的皱状花瓣形成巨大的旋涡形花朵。

雪百合"蓝巨人"（Chionodoxa 'Blue Giant'）：这种星形花朵一般在早春盛开，花色由淡蓝色转为白色，具有渐变效果。

夏末野趣插花

　　夏末的野花长得最高，开得最烈，让我们想到了制作鲜明醒目的大型插花，邀人细细品味。由新鲜野花制成的自然风格花束清新自然，夏季摆放在家中不失为一件时髦的装饰，同时这些大自然的美丽使者还很容易保存，可供全年观赏。

　　野葡萄，香蒲和沼泽鸢尾（marsh irises），忍冬，红和黄加拿大楼斗菜，原生草，福禄考（*Phlox divaricata*）和须苞石竹，野胡萝卜花，大阿米芹，野香豌豆，对于大胆创新的花艺师来说，这些不过是可供选择的夏季材料的一部分。

上图： 用这个简单的季节性中心装饰来歌颂丰富多彩的夏末时节。做旧的锌槽里装满采摘的野花，瘦长纤细的花株轮廓模仿了夏日草地的自然造型。褐红苔草和狼尾草与黄色草木犀和野胡萝卜花犹如蕾丝的花朵互为映衬，而毛蕊花籽秆则增添了直立的质感。花槽中还包括白色紫菀、蓍草、独行菜、喇叭泽兰和紫色甸苜蓿（*Dalea Purpurea*），形成有趣的质感搭配。

夏末干制植物

　　夏日的草地和花园正值生长顶峰期，此时不妨挑选一个晴朗的日子采集新鲜植株进行干制，提前为接下来的花草淡季做好准备。随着秋季的临近，小心收集和保管干制的花草枝叶，之后在全年的插花、花环、花彩和其他无数种作品中都可以使用。

将新鲜的植株成束倒挂晾干。晾干过程中，植株本身就会成为亮眼的陈设。图中所示的植株都是夏末干制植物的理想选择，包括青葙、丛苋，以及草和各种树枝，有海莜草、黄雪茄黍（yelllow cigar millet）、黑高粱、越橘、桦树枝、旱柳、柳枝稷、芒草，还有绣球和葱属植物的种球。

秋日南瓜显神通

　　作为最早驯化的蔬菜之一，葫芦科植物大约有一万年的栽培历史。自古以来，它们就在全球各地的文明中发挥着各种装饰和实用用途。美国雕刻南瓜灯的传统实际上源自爱尔兰，那里最早有在万圣节前夕雕刻萝卜的习俗。

　　南瓜还为秋季装饰提供了数不清的质感、形状和大小，有助于我们打造时尚而不突兀的外观。从桌碗中小巧的"宝宝南瓜"到门口高耸的"辛德瑞拉"（Rouge Vif d'Etampe）装饰南瓜塔，这些秋季宠儿制作而成的插花作品，愉悦了整个季节。

以全白色的南瓜为主体，在铜制托盘里制作秋季桌饰，为华丽明艳的秋天色调提供中性对比。长颈干葫芦组成插花底部，而一段段点缀着浆果的南蛇藤、羽衣甘蓝和尾穗苋则与秋叶的颜色相呼应。南瓜周围还添加了一圈鲜切的观赏牛至，使整个陈设更为完美。

南瓜

秋天是举行南瓜狂欢的最佳时节，能够见证各类南瓜的风采。

瓷娃娃（Porcelain Doll）：这种南瓜呈现出好看的淡粉色调，表面粗糙，具有很深的纵沟。单个重量在 16~24 磅（7~11 千克），打开后露出深橙色瓜肉，非常适合烹饪和烘焙。

斑点狗（Speckled Hound）：这种杂交品种的南瓜具有醒目的图案外观，橙红色表面带有亚蓝色和深绿色的花斑。瓜型略显扁平，带有比较浅的纵沟，瓜肉香甜可口。

黑布津（Black Futsu）：这种小型日本南瓜的颜色会随着秋日的推进而发生变化。粗糙的果皮最开始呈现出近乎黑色的墨绿色，然后逐渐转变成带有黄色条缕的哑光灰，最后再变成黄褐色。

扁白波尔（Flat White Boer）：这款全白色的南瓜具有适合堆叠的扁平轮廓，秋季放在门廊能够形成幽灵风装饰。该传家宝品种原产于南非，以该国的荷兰移民者波尔人命名。

三瓣瓜（Triamble）：这种罕见的南瓜来自澳大利亚，果形奇特，由三瓣独特的三角瓜瓣组成，因此也称为"三叶草"（Shamrock）。

加拉代尔（Jarrahdale）：这类结实的传家宝南瓜来自新西兰，是秋季装饰的绝佳选择。青灰色的瓜皮里面包裹着芳香的金色果肉，口感清香。

泰拉古托克（Thai Rai Kaw Tok）：小果南瓜，从泰国引入的新品种，外表具有较深的纵沟，分布着深绿色和象牙色的斑点。果皮格外坚固，是长期展示的理想选择。

玛丽娜·迪·基奥贾（Marina di Chioggia）：这种带有疣状突起的深绿色南瓜以将它作为烹饪主食的意大利基奥贾渔村命名，最早起源于南美洲，由 17 世纪的新大陆探险者引入。

红疣瓜（Red Warty Thing）：这类鲜艳的橘红色传家宝南瓜起源于 19 世纪晚期，因为醒目富有质感的果皮而获得颇具喜感的名字。果重可达 20 磅（约 9 千克），外皮坚硬厚实，可长期展示。

蛇南瓜：原产于东南亚的热带地区，因其细长的果形而得名。一根藤蔓上可以结出许多深绿色的果实，果实长度可达数英尺。

南瓜花盆

以南瓜作为"花盆"，将秋天的花园迎上餐桌。色彩斑驳的小南瓜头顶着多肉植物为每个餐位都献上一份甜蜜的礼物，而较高的三层塔南瓜则以苔藓和寻获的材料作为花边装饰，充当有趣的中心桌饰。

所需材料：

- 迷你南瓜
- 南瓜雕刻刀和铲子
- 小型多肉植物
- 石蜡
- 电热板
- 勺子
- 盆栽土壤
- 苔藓

第 1 步： 在南瓜顶部挖个洞，洞的大小要以能装下所选择的植物为准。

第 2 步： 顶部打开后，小心地将南瓜内部挖空。为了确保南瓜能够长时间保持新鲜，应尽可能彻底地将瓜瓤刮净。

第 3 步： 将石蜡用电热板融化，然后舀入空心南瓜中。转动南瓜里的石蜡，确保瓜内部和边缘处完全覆一层石蜡涂层，然后将南瓜放在一边，直到石蜡干燥冷却。

第 4 步： 南瓜蜡封完成后，倒入盆栽土，并将所选的植物栽入其中。根据需要利用苔藓填充植栽边缘处。

南瓜剪贴工艺品

　　这些植物工艺品以独特的方式将南瓜与最后的秋叶结合起来，无须任何雕刻工具，是代替南瓜灯的简单选择。剪贴工艺能够使南瓜保持完整，比雕刻加工更有利于保持南瓜的新鲜时间。漂亮的叶子和犹如羽毛般的蕨类植物作为剪贴材料格外引人注目，它们精致复杂的轮廓与奶白色的传家宝南瓜外皮形成鲜明的对比（见第 267 页）。

所需材料：

- 精致的蕨叶、树叶和藤蔓段
- 南瓜（我们使用的是白色的卡斯帕南瓜）
- 布
- 喷胶
- 画笔
- 剪纸胶

第 1 步： 选择心仪的植物。纤细轻质的植物更容易贴到南瓜上。

第 2 步： 准备南瓜。以瓜柄作为中心点，计划一下将要粘贴植物的位置。用湿布擦净南瓜表皮上的污垢，然后晾干。

第 3 步： 粘贴植物。使用喷胶，轻轻喷洒植物背面。快速将植物贴到南瓜上。叶子应与南瓜表面紧密贴合，拿起画笔在每片叶子的表面薄薄地刷上一层剪纸胶，抚平任何突起的地方。晾干剪纸胶，然后再重复刷三到四遍，直到所有的植物都贴到南瓜上。

第 4 步： 在阳光充足的地方制作，有助于胶的干燥，使植物能够更快地粘到南瓜上。但是，一旦确认植物已经固定，就应将南瓜移至干燥阴凉的地方过夜，让它们彻底粘实。

上图： 试着用几棵蕨叶创造出以南瓜柄为中心向外辐射的星形图案。

对页图： 植物剪贴完成后，将装饰好的南瓜与藤蔓、松果和苔藓形成的天然基底相搭配，打造出秋日森系陈设。

圣诞风情

浆果与枝干

———

随着节假日的临近，漫长的冬季夜晚迎来了阖家欢庆的季节。家成为一个灯塔，镶嵌着星星点点的灯光，装扮着鲜艳的绿植，充满了亲朋好友的欢声笑语。虽然被严霜覆盖，但是花园仍然贡献出各种各样最好的装饰品，譬如鲜艳的轮生冬青、喜庆的槲寄生，当然还有清新芬芳的绿植。

这些来自大自然的装饰充满了活力，为庆祝传统和年末的节日做好了准备。随着一年尾声的临近，我们和朋友一起围坐在噼啪作响的火炉旁和闪闪发亮的圣诞树前，度过简单的快乐时光，回忆美好的往昔，展望充满希望的未来。

圣诞游
施密特林场的冬青季

驯鹿、热可可和马车……施密特林场（Schmidt's Tree Farm）为神奇的圣诞树狩猎之旅提供了所有必需的道具，包括 3 英亩（约 1.2 公顷）自助砍伐的常青树。美国人最爱的圣诞树树种，譬如显鳞香脂冷杉（Canaan fir）、花旗松和蓝叶云杉，以及最受欧洲人欢迎的高加索冷杉等在这里均有提供。虽然这些传统树木可能也是林场的人气来源，但是真正让林场山丘声名在外的还是另外一种令人惊艳的节日植物，即红彤彤、金灿灿的轮生冬青。

得益于一位学术访客的推广，农场主人琼（Joan）和埃利斯（Ellis）在十五年前发现了轮生冬青。事实证明，他们位于宾夕法尼亚州兰登伯格的农场是种植这一节日亮点植物的绝佳选择。这让埃利斯燃起了种植新植物的热情，他不断地努力，致力于在自己的土地上发现和培养最佳品种。

喜庆的颜色让冬青成为理想的季节性装饰。秋末第一次霜冻过后，冬青开始掉落叶子，只留下缀满浆果的长枝，而且整个冬季都不会掉落，深受鸟类和家庭装饰爱好者的喜爱。除了能够为花环、花彩和花饰增添活力以外，冬青的果实本身也可以成为引人注目的独立装饰。

传统
斯堪的纳维亚的圣诞节

冬季的北欧，漫长的夜晚和寒冷的天气让温馨的聚会和亮闪闪的圣诞灯光越发受到人们的喜爱。

斯堪的纳维亚文化拥有许多节日传统。简单自然的装饰、丰盛的饭菜还有火炉边的夜晚都是人们庆祝圣诞季的方式。在这些北国地带，圣诞季一直持续到圣诞节过后的很长一段时间，让整个12月都被温馨的聚会和烛光之夜所填满。

圣露西亚节：斯堪的纳维亚半岛的圣诞季庆祝活动从每年12月13日的圣露西亚节开始。圣露西亚节是为了纪念基督教殉道先知圣·露西亚（St. Lucia）而设，曾经与冬至同日，并因此很快成为光明日。现代的圣露西亚节有烛光游行的习俗，由一个打扮成圣·露西亚样子的年轻女孩领头。届时，她会穿上白色长袍，戴上插满绿植和蜡烛的花冠，和其他参加游行的人一起手持蜡烛，唱着传统的歌曲。在游行过程以及家中，人们会拿出称为

lussekatter的传统甜面包（含有藏红花、小豆蔻和葡萄干等配料），搭配热咖啡或热葡萄酒一起享用。

尤尔木头（Jól log）：尤尔木头的名字取自斯堪的纳维亚语的冬至"Jól"（通常翻译为朱尔或尤尔）一词，意为燃烧木头庆祝太阳即将回归的时节。在早期传统里，会有马队从森林中拉出整棵树木作为尤尔木头使用。树木最大的一头放进炉子里，然后在圣诞节的12天里慢慢烧完，并给家里带来好运。虽然现代的尤尔木头尺寸已经缩小，但是烧木头这种仪式仍然是斯堪的纳维亚圣诞节的核心。因为要在室内或室外进行持久燃烧，所以尤尔木头的大小应该仍然非常可观。在星空下或壁炉中燃烧的尤尔木头为人们营造出一个社交场合，让大家可以一起烧烤、喝酒和聚会，迎接新年的到来。

格拉格（glögg）：格拉格（发音与英语"大口喝"类似）是斯堪的纳维亚人对热葡萄酒

的美称，属于传统节日的狂欢饮品。这款节日酒饮温润香醇，由红葡萄酒与肉桂、豆蔻和丁香等经典的调味香料混合而成。北欧风味的格拉格会添加一定量的烧酒——一种与葛缕子或莳萝等美味香料一起蒸馏而成的烈酒。

白灯：在瑞典，整个冬季都被两种色调所主宰，近24小时长夜的黑和积雪皑皑的白。这些亘古不变的色调在地面上勾勒出明暗交界线，被节假日期间闪烁的白色灯海所照亮。经过冰和玻璃的折射，白灯可以形成神奇的光芒。这种迷人的习俗可以追溯到19世纪，彼时的圣诞节前夕，瑞典人会在自家的窗台上点亮一支蜡烛，让它燃烧24个小时，作为对路人的致意。这一习俗很快扩展到办公室、咖啡馆和商店等地，并延长至整个12月，最终传遍斯堪的纳维亚半岛，形成了今天灯光闪烁的画面。

自然的节日

1

来自绿植的问候

我们的节日理念　**289**

2

冬日童话

户外装饰活力季　**297**

3

壁炉与家

室内装饰圣诞季　**313**

4

圣诞树

鲜艳喜庆的常青树　**333**

在殖民时期的美国，寒冷的冬季让来自英格兰、苏格兰、爱尔兰、荷兰和德国的移民无比怀念自己家乡熟悉的节日传统。他们借助新国家最丰富的资源——无边无际的荒野来制作季节装饰。利用周围丰富的自然材料，他们以寻获的野生植物装饰对圣诞进行简单的庆祝，包括成串红彤彤的冬青果、绿油油的冬青枝，还有清新芬芳的常青树枝，在金色烛光的映衬下熠熠生辉。

我们的圣诞装饰会带领大家重温这些早期传统，因为我们将从自然角度出发进行圣诞家居装扮。灯光和常绿花环装饰着门廊与台阶，而明亮的灯泡、鲜艳的绿植和闪烁的烛光将为室内带来喜悦。进家之后，新鲜喜庆的树木摆在显眼的地方充当本季的中心装饰，或朴素无华散发出自然气息，或盛装打扮缀满传统饰品和闪闪发光的灯泡。这些简单的装饰没有盲从现代时尚潮流，而是主打安静实在的圣诞季。最妙的是，它们将邀请我们从天寒地冻的户外进入家中，与最爱最亲近的人聚在一起，在自然的圣诞节中领悟人生的真谛。

前页图：利用植物装饰突出住宅永久性的建筑元素。比如，在彩色的门上挂上一个对比鲜明的花环来吸引人们的注意，利用茂密的常绿树枝花环突出屋顶线条，或者将一束树枝插进常青花槽中。

对页图：一棵棵庄严的壮丽冷杉挺拔而立，等待着被带回节日的家中。这些引人注目的树木生长得极其开阔敞亮，是我们最爱的常青树树种之一。

1

来自绿植的问候
我们的节日理念

受到世世代代的传统影响，人们举行节日庆祝活动的形式多种多样。在斯堪的纳维亚半岛，北欧漫长的冬季夜晚衍生出温馨的烛光聚会和简单的植物装饰，它们和灯光一起成为圣诞季的主角；在德国，遍布大街小巷的圣诞市场热闹非凡，到处都是时令美食、鲜艳的绿植、热葡萄酒和涌动的人群；而在美国，圣诞树的挑选通常标志着节假日的正式来临，并成为 12 月庆祝活动的核心。虽然这些传统各不相同，但是我们却不难从中发现共通之处，那就是人们想要与家人和朋友团聚的美好愿望，以及通过自然的节日装饰将冬季世界请进家门的渴望。

本小节展示了我们在圣诞季期间的收集和装饰理念，以及在室内户外打造美丽的圣诞居所时最喜爱的天然材料。

打造聚会场所

　　圣诞季的核心意义在于美好的团圆愿望。平时分散各处的亲人齐聚一堂，共同回顾往昔，期盼新的一年来临。因此在进行节假日装饰时，可以趁机在家中各处打造一些可供团聚的场所。譬如，添加鲜艳的绿植，将噼啪作响的壁炉装扮成客厅活动中心；桌子上摆放烛台装饰，将客人殷勤留于桌前；树上挂满传家宝饰物，回味以往快乐的假日时光。

　　虽然气温会随着圣诞节的来临而下降，但是请不要忽略节假日户外小聚的可能。利用灯光设计（参见第 298 页）点亮室外景观，即使暮色低垂，也能在雪中漫步，或者围绕噼啪作响的火盆设计一个户外空间，打造别出心裁的冬季聚会之地。

舒适的毛毯、可口的热饮和临时座席让火坑成为观赏户外雪景的好去处。图中以装饰性的木垛为拱门，边界明确地打造出一个舒适的火坑场地。

自然装饰

　　12 月初正是搜集新鲜的自然材料制作节日装饰的好时候，我们不妨背上一个柴草筐或者拎上一个大竹篮，来一场自然资源的搜集之旅！从清新的常绿枝干到带刺的松果，从挂满浆果的灌木丛到松软的苔藓和粗糙多瘤的树枝，只需细心搜索一番，就能从宁静的冬日景观中挖掘出各种各样的装饰可能。冬天的天气对于许多植物而言过于严寒，但是有了这些耐寒的植物，即使冰封雪盖，我们也可以在室内户外创造出持久性装饰。

　　这些有机元素不够完美的线条和饱经风霜的茎株谈不上原始，却反映出盛衰消长的自然周期。而且，它们清新的气味和深邃的色彩也为隆冬时节带来更具希望的信息：经历了这些短暂的黑暗时日以后，自然界将很快再次焕发出生机，蓬勃兴旺，明艳动人。

　　下面展示了我们冬季装饰最喜爱的四种天然色调，由新鲜的搜集材料和前面几个季节中保存的干制植物组成。这些自然材料旨在提供各种互补色调，可以编织成花环花彩，可以塞入树枝之中，可以插进生长季节结束后清空的花盆中，也可以用于其他无数种户外场景展示。

从北美木兰坚韧的双色叶到桉树银色的蒴果，新鲜的农贸市场充分展现出冬季枝干和植株的丰富色彩和质感。

四种自然的冬季色彩搭配

圣诞经典

各种令人愉悦的新鲜绿植、鲜艳树枝和喜庆的浆果。

卷松 （Curly Pine）	明松 （Ming Pine）	北美木兰	北美翠柏
轮生冬青	红瑞木	蔷薇果	银饰球花

炉火隆冬

饱满的红色、日落橙和花瓣粉一起打造出冬日的炉火色调。

帚石楠	紫饰球花	千日红	各种颜色的饰球花
佛塔树	木百合	青葙	橙冬青

清新蓝绿

薄荷绿和雾霾蓝色调的花草枝叶形成清新雅致的组合。

女贞果　　　　　　多花桉　　　　　　木百合"银树"　　　　　银饰球花

雪常青　　　　　　地肤　　　　　　蓝绣球　　　　　　桉树果
（Snowy Evergreen）

金色麦浪

芥末黄与金棕色相搭配，营造出热烈温馨的气氛。

带籽的桉树枝　　　　葡萄藤　　　　带籽的金色桉树枝　　　　不凋花

带梗的洋蓟　　　　虞美人干果　　　　葱属植物种球　　　　佛塔树

2

冬日童话
户外装饰活力季

　　除了温馨舒适的家庭小窝以外，萧索荒凉的冬季景观也为圣诞季装饰提供了大展身手的空间。车道和门阶一侧的耀眼灯光让庄严的花园建筑熠熠生辉；门口处悬挂的新鲜花环热情欢迎客人的到来；圣诞树在户外找到了意想不到的用武之地，将喜庆的气氛由室内传递到室外。我们对户外装饰的探索从临近家门的迎宾创意开始，一直延续到温馨的门阶装饰设计。最后，我们将和大家一起分享自己最爱的装饰方式，将谷仓和附属建筑打扮得光彩夺目。

通往门廊的灯光设计

　　星星点点的灯光散布在草坪和花园中，点亮意想不到的闪耀时刻，将节日装饰延伸到户外，成为欢迎客人到来的第一道风景。因为这些明亮的户外陈设，早早黑天的冬季夜晚变得别有一番滋味，让我们即使是在最冷的夜晚，也不失出外一游的兴致。

　　在灯光设计方面，与其照亮整栋房子或院子，不如集中几处显眼的陈设，突显入口和通道的轮廓。天气暖和时种植植物的花园固定设施（如花盆和金属结构）此时已经清空，可以充分利用起来作为大型固定装置，为闪闪发光的灯串提供现成的框架。

　　要想在灯光中勾勒出结构轮廓，可以使用金属扎带，大多数五金店均有售卖。利用铁丝剪修剪扎带，使其适合结构的框架，然后利用束带固定灯线。关键是要将灯串拉平系紧，让灯泡能够保持直立。可以试试在每个灯泡的底部附近扎上一条扎带，并在灯泡之间再扎上其他扎带。

星星球（左图）：利用上述方法实现照明，以新鲜的常绿树枝做巢，将点亮的球形结构置于其中，超大号的金属叶子则放在防冻的花盆上。

迎宾进行曲（对页图）：适应各种气候的花盆挂满了藤蔓和灯球，在车道一旁排列成行，渲染节日气氛，热烈欢迎人们的到来。

森系门阶

　　无论何时，玄关门阶都是家居住宅的典型接待空间，节假日期间更是成为具有特殊意义的存在。作为圣诞迎宾的地方，门阶应该装饰得足够喜庆，表达出主人的热情好客。新鲜的树木为门阶装饰提供了新奇持久的选择，同时也提供了许多自然的色彩、质感和细节。在选择室内的树木时，可以多选几棵冷杉在门侧制造出一片小树林。这种微型森林非常吸睛，让客人一来就能被青枝绿叶和灯光所包围。

相映元素

两棵相同的银尖冷杉装在纤维石花坛里，分放在门口两侧，向上照射的灯光突显其简朴的造型。花坛的存在让支架、树木蓄水池还有多余的灯线都轻易被遮掩起来。超大的花彩沿着门框悬挂而下，直至拖地，以热情的姿态完成了整个门阶装饰。

家庭森林

将全尺寸的树木与桌台冷杉和常绿灌木混合在一起，制作缩小版的家庭森林。最大的树木充当背景，较小的树木摆在植物架上，最后一层绿色则由下方花坛里的常绿灌木完成。超大的花环形成这一森系迎客装饰的核心。

在经典的常绿花环上随意系上一段丝带，代替传统的蝴蝶结装饰，留出长长的丝带尾端随风摇曳。

欧式冬青花环

　　欧式常绿花环长期保持鲜艳的秘密隐藏在它们的中心底座里。干草制成的花环底座具有蓄水功能，能够保证花环整个季节都郁郁葱葱。简约饱满的花环形状让它们既可以成为独立的饰品，也可以添加浆果、树枝、球果甚至小型球根植物等天然装饰。

所需材料：

- 干草花环底座
- 花园剪
- 新鲜的常绿树枝
- 绿色花艺铁丝
- 铁丝剪
- 浆果、球果和其他寻获的装饰品（可选）
- 浸泡花环的容器

第 1 步： 剪切具有充足韧性的绿植，确保能够覆盖整个干草底座，长度大约在数英寸。选择一种坚韧的常绿植物（如云杉）作为基底，然后添加雪松和黄杨木等其他植物制作分层。

第 2 步： 根据干草底座的形状弯曲剪枝，并缠绕铁丝将剪枝固定到底座上。（铁丝一端连接卷轴，另一端则连续围着花环缠绕。）

第 3 步： 继续使用绿植覆盖干草底座，一边添加层次，一边使用较小的树枝填补空隙，直到没有干草露出。同时勒紧铁丝，保证圆环各处均匀，没有多余的枝节冒出。

第 4 步： 添加其他种类的绿植，使用相同的铁丝缠绕方法，制作出紧密茂盛的外观。

第 5 步： 绿植添加完成后，根据需要使用花艺铁丝添加装饰。

第 6 步： 将制作完成的花环浸入水中，注意中间的干草底座应完全浸透。这种蓄水底座能够延长花环的寿命，尤其是雨雪天不直接暴露在外的花环。

花环装饰

别出心裁的花环陈设悬挂在结满霜花的窗户上或玄关入口处，向来访的朋友和路人献上节日的问候。

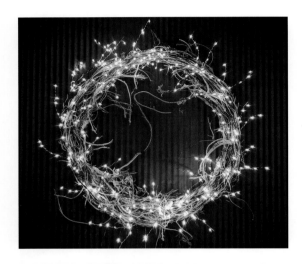

灯与藤（顶图）：在简单的干制忍冬或葡萄藤花环上，缠绕一圈圈特细的灯串装饰。灯串末端向外散开，与藤蔓的自然形状相映衬。

悬空式花环（上图）：用粗麻布带代替传统的花环吊架，让蓬松茂盛的青绿枝叶花环更为显眼。

花环堆（右图）：在寒冷的冬季，与其将抗冻容器（请参阅第40页）收入库房，不如放上一堆花环，在门阶处进行即兴园艺造型创作。常绿植物花环与松散的野生藤蔓花环交替叠加，制造出清晰而鲜明的层次感。

织带和铃铛：要想制作温馨的花环饰品，可以利用充满休闲气息的长条宽幅织带来代替传统的多环蝴蝶结，并添加一条轮廓与织带相仿的雪橇铃铛皮带，在开门时送上问候的叮当声。作为节日庆祝的古老象征，这些欢快的铃铛曾经发挥着重要的作用：冬季的雪橇在雪地里滑行时没有声音，而且无法立刻停止，因此就需要用铃铛的叮当声来提醒其他旅行者雪橇的靠近。

适合冬季花坛的鲜艳树枝

搜寻而来的树枝能够为冬日的容器增添足够的情趣，让它们不再因为经不起恶劣气候考验的植物而变得空空荡荡。保留露台、花园或门阶处的花盆，利用树枝等天然装饰品重新填充花盆，让它们在整个节假日中都保持鲜艳绚丽的色彩。冬季花盆重新使用的注意事项：请确保选择由抗冻材料制成的容器，避免因为内部水分的冻融而引发容器破裂（关于常见容器材料的抗冻等级，请参阅第 40 页）。

超大元素： 像红瑞木"热焰"（Sibirica）这样的大型树枝可以直立于容器中，形成格外引人注目的造型。以秋天遗留下来的黑色麦冬草作为内衬，成簇的红色冬青带着颜色布满立方体花坛底部。

粗壮的枝干： 这个树枝巢穴以大量的桦木为中心，由许多我们最爱的冬季树枝构成，譬如红瑞木、冬青、花旗松、黄杨木以及桉树的杂交品种。选择户外使用的枝叶时，需要考虑它们的耐用性。桉树能够提供丰富的质感，同时也能够经得起天气的考验。

热闹的门阶：夜幕降临后，用灯光突出冬季枝干热情似火的色彩。选择一个不受天气
影响的花坛，在花坛剩余的土壤里插入密集的树枝，并在树枝底部安装上照明设施，
制造出闪闪发光引人注目的陈设来装饰玄关入口。

巨型常绿植物花环

　　仓房或附属建筑的无窗墙壁为超大尺寸花环提供了创作空间，而这些巨型花环也为极其丰富的冬季植物种类提供了展示机会。制作巨型花环时，需要考虑其所在位置的视线问题。这些醒目的装置从远处观看尤为震撼。此外，细节处理上也要确保做到精巧细致，足以撑起令人瞩目的花环尺寸。对图中所示的大花环由一层层冬季树枝和浆果精心编织而成，每层都具有独特的质感和颜色，填满了整面墙壁，邀人进前细赏。风化褪色的仓房木板墙成为完美的背景，与这一光彩四射的装置相映衬。

所需材料：

- 大型葡萄藤花环底座
- 吊架（可选）
- 螺钉
- 光秃秃的树枝
- 各种常绿枝干
- 花艺铁丝
- 铁丝剪
- 翠柏枝
- 红瑞木枝
- 红冬青枝

第 1 步： 选择需要的葡萄藤花环底座。底座应当足够大，让一些较大的树枝能够伸出墙外，而且应当足够坚固，撑得起所有树枝和绿植。利用结实的吊架或螺钉将葡萄藤花环固定到墙壁上。

第 2 步： 插入一些光秃秃的大树枝，从底座向外呈辐射状分布。用螺钉将各个树枝固定到墙上，让它们看起来就好像从中间的花环中长出来的一样。

第 3 步： 添加各种常绿树枝，围绕葡萄藤底座插上一圈，枝干外伸，与搜集的大树枝混合到一起。根据需要使用花艺铁丝固定常绿树枝。

第 4 步： 利用更多的常绿枝层和翠柏枝层填充花环中心，然后用穗状红瑞木和成簇的红冬青果突出设计，并根据需要使用花艺铁丝予以固定。

森系壁炉

在冬季户外壁炉架上方添加一片小树丛，让原本光秃秃的外墙产生意想不到的神奇变化。复古的壁炉架是构造该景观的基础。要想获得不同寻常的古董壁炉架，不妨去建筑回收公司淘淘宝。

为了创作这一具有节日气氛的户外场景，首先需要寻找一堵空墙，并安上所选的壁炉架。然后选择小型常绿树木，或者从较大的树木上砍下一些顶枝树梢，制作自己的微型森林，并逐一固定到墙上。为了使树木与建筑物保持齐平，可以根据需要从后面砍掉一些树枝，最后再添加一个应景的常绿花环。

这种节日装饰在降雪量大的地区尤为耀眼。树枝和壁炉架在层层白雪的映衬下变得格外美丽。

3

壁炉与家
室内装饰圣诞季

打造自然风格的室内装饰，将微小的幸福时刻遍布每一个角落，让整个家都洋溢着快乐的气息。用花彩覆盖壁炉，悬挂华丽的镀金植物花环，在桌子上摆放新鲜的绿植，并用灯光点亮各个空间，即使在最寒冷的夜晚也能让人感受到温暖。此类室内装饰的探索涉及许多亲朋好友团聚欢庆的空间，包括各种创意设计，譬如壁炉架、节日桌面以及意想不到的树木陈设空间。

圆圆圈圈

在门口挂花环的传统始于 16 世纪，流传至今已成为现代节日装饰的标志。入口、玄关或门厅处的花环将户外新鲜的绿植带入室内。单独一个花环即可形成装饰，此外还可以考虑使用一连串的细圆圈代替。它们简单的轮廓组成重复的图案，形成的视觉影响力远超其秀气的大小。

多环组合（上图）：一个个简单的黄杨木或常绿植物花环系在鲜艳的缎带上，悬挂在多窗格的窗户制造出的小框架里展示，让人联想到节日套餐。

绿色三件套（对页图）：用三个尺寸递增的较小花环代替单独一个花环挂在门上，并用丝带将它们连接在一起。

欢乐的壁炉架： 褪色的金属叶和花朵制作成大型花环，为壁炉架优雅的金属风装饰奠定基调，三个钟形玻璃罩进一步巩固了装饰效果。分散的光点携带着橙色灯光向上延伸，在金属器皿铮亮的表面映衬下闪烁出点点幽光。

玻璃里的神奇

　　在19世纪的法国，新婚夫妇会将婚礼当天的纪念品放到钟形玻璃罩中保存，制作所谓的"婚姻地球仪"（globe de mariée）陈设。此后的若干年里，他们还会向玻璃罩中添加更多具有纪念意义的物品，比如孩子的头发、照片、珠宝和标志性的金色吊坠，让玻璃罩成为见证他们共同生活的缩影。今天，这种传统经历优美的演变，发展成玻璃下的节日陈设。保存完好的植物和镀金装饰形成华丽的组合，为壁炉装饰提供了一种优雅的方式。这些可以长时间保存的作品散发出微妙的金属色调，与下方燃烧的火光相得益彰，营造出温馨友好的气氛。

镀金组合：天然的干制植物被涂染成金色，与金属花朵和叶子混合在一起，制作成闪闪发光的花束，向传统"婚礼地球仪"致敬。（关于更多镀金信息，请参阅第320页。）

森林拾趣：将拾捡元素（如弯曲的树枝）与抛光的玻璃碎片混合在一起，制造出具有趣味对比效果的陈设。

一棵小树

　　圣诞佳节里要获得一抹持久的绿色，可以考虑使用一小棵盆栽针叶树来代替砍伐的圣诞树（如第 326 页所示）。各种颜色、质感和外形不同寻常的小树苗将森林带入室内，打造出神奇的自然风圣诞节。最妙的是，这些小树可以在圣诞季结束后移植户外，在之后的几年里茁壮成长，成为对过往庆祝活动的美好追忆。

绿色礼物（上图）：微型常青树放到飓风杯里，缠上灯串，制作成令人惊艳的赴宴礼物。

根与枝（左图）：让常青树插枝在装饰用的玻璃花瓶中生根（关于更多生根信息，请参见第 230 页），并罩上相应的钟形玻璃罩，以自然的方式庆祝节日。

微型常青树

以下几类常青树为观赏型树苗提供了丰富的选择。它们的形态特征和生长习性各不相同，从匀称修长到优美下垂不一而足。

日本柳杉（*Cryptomeria japonica* 'Black Dragon'）：这种矮小的针叶树生长缓慢，具有不同寻常的叶子，会随着树木成熟逐渐从翠绿色转变到近乎黑色，颇受园艺爱好者推崇。

北非雪松（*Cedrus atlantica*）：这种雪松因其醒目的蓝色色调而格外引人注目。幼嫩细长的树枝会逐渐伸展开来，形成宏伟的金字塔造型。

雪松（*Cedrus deodara*）：雪松原产于喜马拉雅山，树枝微微下垂，具有灰绿色的针叶，英文名为 Deodar cedar。其中 Deodar 源于雪松的梵文名字"devadaru"，意为"众神之木"。

日本五针松（*Pinus parviflora*）：这种株姿优美的松树原产于日本和韩国陡峭的山脊和山坡上。长长的松针质感细腻，犹如刷子一般，呈现出蓝绿色色调。

垂 枝 北 非 雪 松（*Cedrus atlantica* 'Glauca Pendula'）：原产于阿尔及利亚和摩洛哥的阿特拉斯山脉，因其下垂的姿态和不同寻常的浅蓝色调而得名。

白云杉（*Picea glauca*）：白云杉的大小中等，直立挺拔，具有坚硬的蓝绿色针叶，是打造经典圣诞装饰的理想选择。

镀金

在莎士比亚习语中，"百合镀金"代表画蛇添足，对本身就很漂亮的物体进行不必要的装饰。然而节假日之时，金色装饰总是受到人们的喜爱。我们可以使用两种简单的方法将新鲜或干制植株转变成金光闪闪的应景饰品。第一种是使用镀金膏，一种染色的蜡制品，能够形成各种金属饰面。镀金膏可以制造出整体镀金的效果，最适合用于结实光滑的植物，如木兰叶。第二种是使用金银喷漆在新鲜植物上制造出犹如大理石纹般的金属效果。（关于如何使用两种技术装饰花园风格的圣诞树，请参阅第 338 页。）

镀金膏的使用技巧

所需材料：

- 外表光滑结实的植物（新鲜、干制或保鲜植物）
- 软笔刷
- 镀金膏
- 软布或海绵，再加上一块最后整理用的软布

第 1 步： 选择心仪的植物，用软笔刷清除表面的灰尘或污垢。

第 2 步： 用布或海绵蘸着镀金膏，在植物表面薄薄地涂上一层。涂薄一点能够产生淡淡的金属光泽，涂厚一点则能产生更有质感的镀金效果。

第 3 步： 晾干 12 个小时后，用一块干净的干布轻轻擦拭，以产生镀金效果。

喷漆使用技巧

所需材料：

- 一个大桶
- 新鲜的植物
- 金属喷漆
- 报纸

第 1 步： 在桶里装上一部分水，然后将金属喷漆喷洒到水面上，形成一层薄薄的水涡层。

第 2 步： 将新鲜的植物透过涂料浸入水中，然后小心抽出，让涂料随机黏附在各个植株之上。

第 3 步： 铺上几层报纸，将植物放在上面充分晾干。

仿真的金色雪滴花和新鲜的常绿嫩枝编织而成的花环，点缀着经过镀金膏处理的桉树切枝。

节日的灯光

　　当我们的生活节奏受控于日出而作、日落而息的自然规律时，星星点点的烛光散发出慵懒的气息，总会给人以岁月静好的感觉。冬季的白日时光短暂，用烛光邀请亲朋好友在劳累的一天后相聚，令整个季节都放缓了脚步。在今天的节庆日家中，闪烁的蜡烛和模仿金色烛光的灯串继续营造欢快的气氛，在冬日夜晚的家中欢迎我们归来。

明亮的饰品：圆形饰品与代表高度变化的袖珍金属植物相辅相成，组成一个小花瓶。这样的小花瓶可以代替传统的桌面烛台。在每个花瓶细长的铁丝上缠上一串灯串，营造出星光闪烁的效果。

植物灯饰：镀金元素，譬如这个植物花环，能够对光形成反射，增加装饰效果。在本图中，发光的花环轮廓在黑色背景的映衬下显得格外清晰。

高烛：以降临节花环传统为灵感，在水平的花环上面添加尖尖的蜡烛，制作成中心装饰。降临节花环起源于德国，标志着降临期的到来。彼时在圣诞节的前四周，家家户户都会在每个周日点燃一支新蜡烛，开启圣诞倒计时。想要将花环改造成烛光装饰，只需在绿植之间添加锥形夹子或木桩即可。

冰与火之枝

火焰柳、红瑞木和冬青是冬季里最壮观的树枝，为荒凉的景观增添一抹醒目的色彩。这些热情似火的植物大束大束地插在一起，成为餐具柜或壁炉架上最耀眼的装饰。只需一个简单的圆柱状花瓶，并利用石蜡巧妙地制作一层冰面，就能让一束树枝成为令人瞩目的存在。

所需材料：

- 透明的大花瓶
- 石蜡
- 炖锅
- 火焰柳、红瑞木和 / 或冬青枝
- 柑橘类天然清洁剂

第1步： 在大花瓶中加入一半的冷水和冰块。（水一定要够冷，因为它可以冷却石蜡，保护树皮不受损坏。）

第2步： 将石蜡在炖锅中加热至融化。然后让石蜡冷却到快要凝固的状态，并在花瓶水面上轻轻倒入一层石蜡。

第3步： 当石蜡凝固到足以支撑树枝时，将树枝透过蜡层垂直插入水中。

第4步： 花瓶侧面多余的蜡可以等到完全干燥后，利用清洁剂清除。

欢乐小圣诞树

在丹麦语中,无论多大的圣诞树都统称为"juletrae"。但我们发现这个喜庆的名字特别适合小圣诞树,即用冬季森林中采集的常绿插条手工制作而成的微型圣诞树。只需少量的树枝和绿植就可以制作成小巧玲珑的 DIY 树木,将节日的喜庆气氛散布到房屋里的各个角落。以小花槽为底,微型圣诞树"juletrae"成为节假日期间摆放在桌子、餐具柜或壁炉架上的迷人装饰。

所需材料:

- 常绿切枝或光秃秃的小树枝
- 笔直的无叶树枝,作为树干使用
- 小陶罐
- 细碎的石砾
- 花艺铁丝和铁丝剪或热熔胶枪
- 新鲜的苔藓
- 仿真雪或冬青小枝等饰物(可选)

第 1 步: 收集几根大约 3 英寸(约 8 厘米)长的细小松树枝或无叶小枝,充当小圣诞树的"树枝";此外还需要一根足够结实和笔直的大树枝作为圣诞树的"树干"。

第 2 步: 选择一个小花盆,并在其中加入四分之三的石砾,以固定树干。

第 3 步: 大树枝下面没有叶子的地方留出一部分作为圣诞树的树干,并在上方连接常绿切枝或小树枝以形成圣诞树的树枝。利用花艺铁丝或热熔胶固定各个树枝。从最底层的树枝开始,每个小枝都要朝下,以创作出锥形造型。然后再一层层添加其他切枝或细枝,直至树顶。

第 4 步: 如果喜欢,还可以添加一两个朝上的小剪枝,形成树冠。

第 5 步: 将完成的圣诞树固定在石砾里,然后在花盆中盖上新鲜的苔藓,并轻轻按压以帮助树木固定。如果愿意,还可在苔藓上撒上一层人造雪或浆果小枝。定期对苔藓喷雾,以延长陈设寿命。

桌树

　　虽然大多数美国人更喜欢高至天花板的落地式冷杉，但是在一些欧洲传统里，圣诞树的高度却以不超过 4 英尺（约 1.3 米）为宜。3~4 英尺高的小型常绿植物为不适合摆放全尺寸杉树的室内空间提供了一抹绿色。在门廊或寄存室等过渡空间以及餐边柜或楼梯等意想不到的室内场所，这些"桌"树的存在都增添了圣诞节的喜庆气氛。

彩球与灯泡（左图）：利用与桌树大小相匹配的小型球形饰品和灯，模仿全尺寸的冷杉造型。在门口等过渡空间，为装饰好的桌树添加鲜切常绿枝和一层仿真雪，实现与户外世界的联系。

灯光与绿植（对页图）：轮廓充满田园风的桌树特别适合朴素的装饰，例如随意缠绕上一串球形灯，或者从花园里翻找一个花盆来充当底部支架。

悬空冷杉

一棵圣诞树悬挂在高高的天花板下，在节假日的家中成为耀眼的中心装饰，让每一个看到它的人都感受到童真的乐趣。这类树饰最早可以追溯到东欧，在波兰和乌克兰人的家中，倒立的云杉一度非常流行。

最早悬挂的树上点缀着水果、坚果、时令糖果、镀金的松果以及纸制或草制工艺品装饰。而如今，我们则为这些高空装置搭配上雪白的植绒、明亮的灯光还有如珠宝一般璀璨的饰品。悬空树木还有一个额外的好处，那就是它们能使精美的装饰品远离好奇心充沛的宠物和孩子！

在家里安装悬空树木时，请务必确保树木悬挂于结实的支架上，并保证支架牢牢固定在天花板上。在树干底部附近连接一对电缆，以支撑树木并保持其稳定（切勿用电缆悬挂顶尖附近，否则会拉断树顶）。

因为不太可能给悬挂的树木浇水，因此最好使用仿真冷杉来实现这类景观。可以创建一个"根系"来遮掩支架，让树木看起来像是从森林中刚拔出来的一样。具体做法如下：收集并清理一捆粗糙的树根、树枝或藤蔓，然后将它们连接到树干底部，并使用花艺铁丝保持直立。

林地装饰（上图）：悬空树下的桌子上可以摆满当季的礼物，也可以用苔藓覆盖模仿森林的地面。

冰封雪景（对页图）：仿真树上覆盖着一层厚厚的植绒，掩映在灯光的海洋之中，营造出梦幻般的冬季仙境。这棵树为隐藏支架提供了另外一个选择，那就是可以使用一簇表面好似冰霜覆盖的松果来遮掩支架。

4

圣诞树
鲜艳喜庆的常青树

　　圣诞树的传统始于北欧,起初并没有多少讲究。最开始时,人们只是将常青树木带入室内,在黑暗寒冷的十二月里作为春天的象征。这一习俗逐渐在整个欧洲传播开来,人们的创造力也不断提升。一些人将树倒置,悬挂在天花板或吊灯上;还有的人更喜欢山楂树或树枝,并将它们栽入花盆中,等到节日时催开;而在树木稀少的地方,也有人用木头甚至扫帚堆成的金字塔来代替圣诞树。

　　尽管圣诞树如今在美国已成为圣诞节的标志,但是直到19世纪中叶,它们才真正在美国本土流行开来。1850年,《戈迪女士杂志》(*Godey's Lady's Book*)刊登了一张维多利亚女王的圣诞节庆祝活动照片,里面就有一棵圣诞树。

　　现代圣诞节将过去和现在融为一体,用喜庆耀眼的饰品平衡树木的质朴气息,打造充满活力的节日季。对于许多人来说,圣诞树的挑选标志着圣诞季的开始,无论是穿戴得严严实实在森林里跋涉,还是当地林场的全家游,都不失为一种乐趣。

挑选树木

　　美国最流行的圣诞树包括欧洲赤松、花旗松、南香脂冷杉、香脂冷杉和五针松。这些广泛分布的树种长期以来一直占据着圣诞季的核心地位，而那些不太常规并且修剪较少的品种，例如扭叶松和银尖冷杉，则拥有迷人的质感和丰富的形态特征。（关于我们最爱的几个品种请参阅对页。）今年的圣诞节，在用一层层的灯光和饰物来装扮我们的圣诞树之前，不妨先花点时间思考一下常绿枝干的自然美。

银尖冷杉（*Abies magnifica*）跟其名字一样拥有银灰色的枝端，散发出自然光彩，令节假日的屋子熠熠生辉。非比寻常的颜色和独一无二的对称开放生长模式相搭配，让它无论是子然独立还是挂满灯饰都同样动人。

小众圣诞树

以下所列的常青树造型独特，外观苍劲，非常适合歌颂冬季森林的野性美。

显鳞香脂冷杉（*Abies balsamea var. phanerolepis*）：这种独特的树种实际上是香脂冷杉的一个变种，最早发现于阿巴拉契亚山脉最高处。显鳞香脂冷杉的大小适中，具有浓密的深绿色针叶，叶背面呈现银色光泽。整齐的树枝、锥形生长习性和优秀的针叶保持力使它成为圣诞季的长期装饰选择。

高加索冷杉（*Abies nordmanniana*）：高加索冷杉起源于欧洲地形崎岖的高加索地区，是经典的欧洲圣诞树。这类树木生长得结实均称，具有茂密柔软的松针。深绿的颜色、粗壮的树枝还有整体的坚韧耐用，让它成为悬挂传统饰品的理想选择。

扭叶松（*Pinus contorta*）：扭叶松最常见于北美西部地区，针叶成簇生长，赋予了它们雕塑般的美感。因为独特的螺旋状针叶而得名。

南香脂冷杉（*Abies fraseri*）：这类冷杉的外形颀长秀丽，只需很小的占地面积就能成为醒目的装饰，因此受到人们的推崇。在它粗犷自然的轮廓里囊括了经典香脂冷杉的所有优点，包括诱人的香气、结实的枝干、近乎深蓝的绿色以及优秀的针叶保持力。

三款圣诞树示例

装饰精美的圣诞树是一种庆祝传统。全家人聚在一起，往圣诞树上挂上年年都精心保存的传家宝饰品，以及发光的灯泡和亮闪闪的金银丝。树顶放上一颗星星，树下塞满礼盒，让人们对圣诞节的来临充满期盼。

装扮圣诞树的传统起源于德国，早期的圣诞树使用红苹果装饰，也算是现代灯泡的前身。很快就有其他食用性饰物与苹果相搭配，包括精致的白薄饼、姜饼以及制作成星星、天使、爱心和花朵等各种形状的小糕点；纸制玫瑰花和链条，鲜艳的丝带和金银丝，模制的蜂蜡天使和蜡烛也很快加入装饰行列；此外还有金属或木头手工雕刻而成的小工艺品，作为更持久的饰品选择。

最早的玻璃饰品出现于 19 世纪，那时来自德国劳斯查（Lauscha）村的玻璃吹制工开始制作亮晶晶的镀银饰品。大约在1870 年，人造饰品传到了大洋彼岸的美国，类似橡果、树木和鸟类等自然主题的小饰品迅速流行开来。很快，这些饰品就与装饰架、底座和灯串（托马斯·爱迪生众多伟大的发明之一）组合到一起，创造出今天我们家喻户晓的装饰精美的圣诞树。

各种不同形状、材料和样式的工艺品、灯，还有其他季节性饰品自此以后层出不穷。在接下来的内容里，我们将向大家介绍自己最喜爱的三种圣诞树装饰方式，包括灯、自然元素和装饰物，以及将它们全部组合到一起的创意技巧。每一款创意设计的灵感都源于户外，因为我们一直致力于以各种自然方式来致敬自然世界。

高山之绿

　　这款树木设计是对经典圣诞绿植的一次创新性改造，以丰富的金绿色色调彰显大自然的威严壮丽。造型美观的冷杉未经修剪，以天生的修长轮廓提供了充足的装饰空间。六串闪闪发亮的灯泡精心缠绕在整棵树上，覆盖各个枝条，将灯光遍布圣诞树各处。泡桐长长的花穗（或花梗）因为多节的花蕾和柔和的金褐色调，而成为别出心裁的点缀。（泡桐花穗在第一次霜冻过后剪切并晾干，然后用花艺铁丝垂直固定到树枝上。）花朵和花环的金属冲压制品给人以奢华感，而更多以冬季花园为灵感的精致元素则带来沧桑柔和的色调。镀金的新鲜植物制品，譬如铮亮的玉兰叶，在华丽与朴实两种装饰风格之间形成完美的过渡。

树：

8 英尺高的南香脂冷杉

灯：

1000 个灯泡的 LED 灯串

装饰品：

1. 经过镀金膏覆盖处理的新鲜木兰叶（具体请参阅第 320 页）

2. 经过喷金漆浸入处理的带籽的新鲜桉树枝（请参阅第 320 页）

3. 涂成金色的保鲜文竹花彩

4. 干制泡桐花穗（见上文）

5. 保鲜苔藓球

6. 铜绿色的橡木和橡子花彩

7. 天鹅绒缎带

8. 金色花瓣饰品

9. 铜制花束饰品

10. 超大玻璃球形饰品

11. 德式透明玻璃饰品

12. 六角面球形饰品

冬季花园

    这款色彩艳丽的圣诞树以银装素裹的冬季景观为灵感，凭借大胆的造型和超大的做旧金属花，成为具有雕塑美感的装饰。粗犷的高加索冷杉作为圣诞树的树材，松软的针叶和开放的树枝格局为丰富装饰提供了充足的空间。蓝色、蓝绿色还有风化灰所组成的色调代表着冰冷的冬季天气，而树木本身则用蓝绿色乳胶轻微上色，与这种冷色系色调形成完美搭配。在寒冬设计主题的基础上，四串磨砂球形灯作为格外的装饰品，如同花彩一样缠绕，避开树枝内部，集中位于各个主枝干的尖端。（每个灯泡的底部都用一个小夹子来保持竖立。）利用铁丝将一丛丛桤木和矮松树枝固定到树干的各个高度处，树枝向外延伸，形成自然美观的轮廓，让人宛如进入无人看管的花园，欣赏各式各样的野性美。

树：

6 英寸（约 15 厘米）高未修剪的高加索冷杉

灯：

G40 的磨砂球形灯泡

装饰品：

1. 干制蓝绣球
2. 染成蓝色的保鲜石蕊
3. 带着花柄的松果花
4. 带有球果的矮松枝
5. 染成紫红色的保鲜橡树叶
6. 经过镀锌处理的葱属植株
7. 经过镀锌处理的月桂枝
8. 经过镀锌处理的莲花
9. 具有质感的玻璃饰物

初雪

这款圣诞树的色彩设计灵感来自白雪半盖的丛生草地，让人感觉既柔和又舒适。一簇簇搜集而来的植物，包括麻栎叶、干制舒伯特葱（*Allium schubertii*）和漂白的山龙眼，形成了纯白的色彩搭配和淡雅柔和的自然色调。造型简朴、开阔大气的红冷杉作为圣诞树树材，利用稀释的乳胶溶液粉刷成白色，打造出"白雪皑皑"的外观，而树干则不做处理，保留大胆的垂直元素。为了完成这棵自然风的圣诞树，我们从自然角度重新构造传统元素。譬如，十几根仿真树枝缀满微型 LED 灯泡，实现闪闪发亮的照明效果（点亮的树枝摆放在红冷杉的各层树枝之上，由于越往上越尖的整体树形，部分树枝会被压弯），以及可填充的玻璃球形饰物，里面装上较小的自然物品。为了获得有趣的质感，我们还在最大的枝干末端捆上成束漂白的干制兔尾草（*Lagurus ovatus*）。

树：

6 英尺高的自然红杉

灯：

仿真树枝上面挂着 LED 灯

装饰品：

1. 干制麻栎叶
2. 干制舒伯特葱
3. 经过漂白处理的干山龙眼
4. 经过漂白处理的干兔尾草
5. 金属叶环
6. 大型白色玻璃饰品
7. 里面装有自然元素的透明玻璃饰品

冬 藏

休养 & 生息

冬季为世界带来一片祥和之美，整片大地都笼罩在松软的白雪和晶莹的冰霜之下。寒冷的冬日宁静代表着过往一年的结束，而在它荒凉的素净里又蕴含着一个崭新的开始。节日的狂欢悄然退去，只留下傍晚壁炉旁的沉思，为即将到来的一年筹谋规划。华丽的装饰被干净的空间和简单的绿植所取代。户外的花园也有了休养生息的时间。球根植物陷入深眠，等待大地回暖；冬芽开始形成，准备在来年的春天抽枝展叶；去年的叶子已经埋入土壤，为新的生命增加营养。

尽管冬季的严寒让我们退居室内，但是舒适的居家时光仍然为我们留出了充足的时间来思考自然世界。在迎接春天到来的日子里，这些思考的时刻也为园艺工作者提供了积累歇息的机会。

冬
藏

传统
柴垛艺术

木柴是北欧日常生活中不可缺少的一部分。在斯堪的纳维亚半岛和德国，人们会专门砍伐、干燥和堆放木柴，为自己和家人做好冬季取暖的准备。

这种对于木柴的执着无疑与现实生活密切相关。毕竟，这些寒冷的地区以漫长的冬季而出名，需要大量的木材来支持熊熊燃烧的炉火。据说，一个芬兰人一年就可以用掉数量令人吃惊的 860 磅（约 390 千克）

原木！那么多备用的木材，还有北欧隆冬对于取暖的确实需要，让柴垛艺术成为数百万人的一种消遣活动。

自己储存木材的人会从春天开始准备冬季的柴火，先是砍伐木材，然后将它们堆成柴垛过夏晾干。正确的堆叠方法很关键，但是却存在不小的争议，不过许多人会选择堆建成传统的德式柴垛（Holzhaufen）。

这些整齐的圆圈式柴垛在

木材干燥方面具有奇效。它们不仅只需要相对较小的空间就能容纳大量的木头，而且还会随着木头在全年当中的减少和移动而保持稳定。从理论上讲，德式柴垛的圆柱体结构也更有助于木材的干燥，因为它能让空气进入柴垛中心，并通过堆垛温暖的内部创造出抽吸效应。最妙的是，德式柴垛紧凑的蜂箱造型为后院增添了迷人的魅力。

冬藏

冬
藏

冬日游
隆冬时节的莫里斯植物园蕨类植物花房

距离费城市区不远的地方，有一间不同寻常的花房，能够让我们有机会探寻维多利亚州的园艺历史。多伦斯·H. 汉密尔顿蕨类植物花房（Dorrance H. Hamilton Fernery）位于莫里斯植物园的众多园林之中，始建于1899年，正值维多利亚时代蕨类植物受追捧的高峰期，即"蕨类狂潮期"（pteridomania）。建成后，植物园创始人约翰·T. 莫里斯（John T. Morris）订购了500多株植物来填充花房。花房由玻璃和钢铁制成，结构美观，而且还带有优美的弧形屋顶。

为了让喜爱潮湿环境的植物不受宾夕法尼亚州寒冷冬季的影响，莫里斯在蒸汽加热、玻璃切割和建筑方面都采取了最新的技术。蕨类植物花房很快成为一个展览景点，让当时的植物爱好者无论哪个季节都可以到此探索神奇的蕨类植物世界，即使最冷的一月也不例外。

在之后的几十年里，随着蕨类植物受追捧的热度减弱，花房也日渐破败。1994年，该蕨类植物花房重新恢复了以往的辉煌。弧形屋顶被翻新，供暖系统进行现代化更新，内部的露岩也得到重建，再次长满茂盛的叶子。如今，它成为北美仅剩的维多利亚式独立蕨类栽培地。

尽管只有53英尺（约16米）长，但是此蕨类植物花房却拥有无限的风情。石头小径、缓缓流淌的泉水还有隐蔽的石窟，在每一处微景观里都能看到蕨类植物在茁壮生长。在下雪的冬日，这里成为欣赏热带风情的好去处，以独特的视角向您展示以往的园艺潮流。

352

冬藏

冬　藏

致谢

我们一直坚信瑕疵塑造了真正的美，并在此理念基础上创建了 Terrain，对于那些认同和欣赏该理念的人，我们表示衷心的感谢。

感谢我们的经纪人，Stonesong 的朱迪·林登（Judy Linden）和我们的 Artisan 团队，即利亚·罗内恩（Lia Ronnen）、布里奇特·门罗·伊特金（Bridget Monroe Itkin）、米歇尔·艾沙-科恩（Michelle Ishay-Cohen）、简·特鲁哈福特（Jane Treuhaft）、勒娜特·迪·比亚斯（Renata Di Biase）、南希·默瑞（Nancy Murray）、汗赫·勒（Hanh Le）、西比勒·凯泽里德（Sibylle Kazeroid）、艾丽丝·兰斯伯顿（Elise Ramsbottom）、艾莉森·麦基洪（Allison McGeehon）、瑟雷斯·科利尔（Theresa Collier）和艾米·卡坦（Amy Kattan）。因为你们不懈的努力，我们才能更好地讲述自己的故事。

感谢莱西·索斯洛（Lacey Soslow）、梅利莎·巴特利（Melissa Bartley）、丹妮尔·帕伦卡（Danielle Palencar）、梅利莎·洛里（Melissa Lowrie）、卡罗琳·李斯（Caroline Lees）、劳拉·特威利（Laura Twilley）、马修·穆斯卡雷拉（Matthew Muscarella）、黛博拉·赫伯森（Deborah Herbertson）、凯里·安·麦克林（Kerry Ann McLean）、伊莎·萨拉查（Isa Salazar）、凯瑟琳·博格斯·金（Catherine Boggs King）和贾斯汀·斯佩尔斯（Justin Speers），因为你们宝贵的创造才华、持之以恒的毅力和敢于克服一切困难的勇气，这本书才得以从一个有趣但似乎难以企及的想法成为现实。

感谢我们的 Terrain 家人，感谢理查德·海恩（Richard Hayne）、梅格·海恩（Meg Hayne）、温迪·麦克德维特（Wendy McDevitt）、戴夫·齐尔（Dave Ziel）、贝斯·布鲁尔（Beth Brewer）、安德鲁·卡尔尼（Andrew Carnie）和丹尼斯·奥尔布赖特（Denise Albright），感谢各位自 Terrain 创立起数年如一日的支持、指导还有坚定的领导。

感谢以辛勤的付出促进我们今日成长的人们，感谢詹妮·琼斯（Jenny Jones）、肯·乔治（Ken George）、贝丝·克莱文斯汀（Beth Clevenstine）、马特·比尔（Matt Bier）和店内陈列人员；感谢马特·波彻（Matt Poarch）及外勤和收货团队；感谢我们大家庭办公室里的每一位同事，从采购、销售、货控团队到设计、网络、摄影、造型和创意运营部门的所有人；当然还有我们位于格兰米尔斯、韦斯特波特、核桃溪市、帕洛阿尔托和德文郡的门店团队，以及我们在 Terrain 花园咖啡馆和 Terrain 聚会的合伙人。你们每一个人对 Terrain 的决心和热情，都让我们从内心感到幸运和感激。

因为这个不可思议的团队（包括过去和现在的所有成员在内）和创意十足的集体经验，这本书才得以存在。

在接下来的十年里，愿我们携手共进，继续努力。

图片版权

P. 33 格兰马草：Kathryn Roach/Shutterstock；毛叶糖蜜草：Layue/Shutterstock；蒲苇：Lynn Whitt/Shutterstock；凌风草：Maryna Ges/Shutterstock；丛生发草：LianeM/Shutterstock；箱根草：guentermanaus/Shutterstock；芦竹：Pelikh Alexey/Shutterstock；墨西哥羽毛草：Alex Sun/Shutterstock；帚状裂稃草：beverlyjane/Shutterstock

P.77 红提灯：topimages/Shutterstock；杂色常春藤：Skyprayer2005/Shutterstock；马鞭草：NeCoTi/Shutterstock；野迎春：yurisyan/Shutterstock；常春藤：Myimagine/Shutterstock

P. 193 Pat Robinson Photography

P. 195 图4：Frances Palmer and Amy Merrick

P. 199 丛藓：duckeesue/Shutterstock；灰藓：Bildagentur Zoonar GmbH/Shutterstock；老人须：Rob Hainer/Shutterstock；石蕊：Hillside Studios/Shutterstock；下面大图：Oregon Coastal Flowers

P. 202 银莲花：studio lallka/Shutterstock；高翠雀花：Mariola Anna S/Shutterstock；洋桔梗：AyahCin/Shutterstock；花毛茛：Natalia Van Doninck/Shutterstock；蓝盆花：Debu55y/Shutterstock；蜀葵：Darrell Vonbergen/Shutterstock；英伦月季：Maria Rom/Shutterstock

P. 203 苋：Ole Schoener/Shutterstock；楠蒿：Juniors/SuperStock；山薄荷：rockerBOO/Flickr；黑种草：terra incognita/Shutterstock；野胡萝卜：Fluke Cha/Shutterstock；高粱：Deyana Stefanova Robova/Shutterstock；喇叭泽兰：Andrey Nikitin/Shutterstock；一枝黄花：Rahmi Arifah/Shutterstock；矢车菊：QueSeraSera/Shutterstock；紫菀：Bildagentur Zoonar GmbH/Shutterstock

P. 205 石莲花：Ekaterina Kamenetsky/Shutterstock

P. 217 Abbie Kiefer

P. 221 Adam Ciccarino

P. 222 Pat Robinson Photography

P. 254 花蕾：schankz/Shutterstock；叶芽：Vira Mylyan-Monastyrska/Shutterstock

P. 263 葡萄风信子"维纳斯"：Labrynthe/Shutterstock；郁金香"黑鹦鹉"：Taniaslonik/Shutterstock；郁金香"珍妮女士"：Ole Schoener/Shutterstock；花葱"珠穆朗玛峰"：E. O./Shutterstock；花葱：InfoFlowersPlants/Shutterstock；雪百合"蓝巨人"：Bildagentur Zoonar GmbH/Shutterstock；水仙"杏惠尔"：Okhotnikova Ekaterina/Shutterstock；水仙"头碰头"：Kutikan/Shutterstock；雪片莲：auoferten/Shutterstock；阿尔泰贝母：Eileen Kumpf/Shutterstock

P. 335 显鳞香脂冷杉：NatalieSchorr/Shutterstock；高加索冷杉：barmalini/Shutterstock